现代果园生产与经营丛书

HETAOYUAN

SHENGCHAN YU JINGYING ZHIFU YIBENTONG

核桃园

生产与经营

致富一本通

张美勇 ◎ 主编

中国农业出版社

主　　编　张美勇

副主编　徐　颖

编　　者　张美勇　徐　颖

　　　　　王贵芳　秦志华

　　　　　相　昆　李国田

　　　　　薛培生

前言

　　核桃是重要的经济林树种，位居世界四大著名干果（核桃、扁桃、腰果、榛子）之首，也是重要的木本粮油植物，是典型的三大效益兼容性树种，树冠大、树龄长、耐干旱、耐瘠薄、抗病性强，能有效地保持水土，对维护生物多样性、增加生物量和覆盖率都有贡献。坚果营养丰富、老少皆宜，是医疗保健佳品，市场前景光明。随着我国经济的迅猛发展，人们生活水平不断提高，坚果品质要求越来越高，价格也不断攀升。但是，我国核桃生产仍存在传统的粗放管理栽培模式，致使结果晚、产量低、品质参差不齐，缺乏市场竞争力。

　　为了使广大果农更好地经营核桃产业，切实推进核桃产业提质增效、转型升级，促进农村经济发展与林农持续稳定增收，打造"绿色生态、优质安全、特色健康"的核桃产业，深化供给侧结构性改革，以市场需求为导向，稳定面积、提升品质、打造品牌、开拓市场，增添新动力，提高核桃的产量和品质，增加效益。编者在从事多年核桃科研和生产实践的基础上，参考大量资料，编著此书，希望能为我国核桃产业起到一定的指导作用。

　　由于编者水平有限，经验不足，书中难免有不妥之处，恳请各位同行和读者批评指正。

编　者

2017 年 10 月 26 日

XIANDAI GUOYUAN SHENGCHAN YU
JINGYING CONGSHU

目录

第一章
核桃产业发展与投资规划

核桃，又称为胡桃、羌桃，与扁桃、腰果、榛子并称为世界著名的"四大干果"。既可以生食、炒食，也可以榨油，配制糕点、糖果等，不仅味美，而且是经济价值很高的油料树种和用材树种。因其卓著的健脑抗衰老效果和丰富的营养价值，被誉为"万岁子""长寿果"，已经为越来越多的人所推崇，其坚果作为厚重的馈赠礼品，是消费比重最大的坚果品种之一。核桃是古代园林绿化中的重要树种。它的根可作褐色染料，树皮、叶子和青皮中含有的单宁物质用来提取鞣酸非常合适，核桃壳可制活性炭，果实青皮还可以提取维生素。核桃木质坚硬，不易开裂或变形，纹理细致，作板材和家具用材都是上佳之选。

一、核桃产业的发展

核桃产业是一切从事核桃生产、加工、流通、贸易和提供相关服务的个体或单位及其经济活动的集合。核桃产业属于农业产业，不仅能够带来经济效益和社会效益，而且还会带来良好的生态效益。核桃产业既具备一般产业的特征，又有其特殊性：①经济收益性。由于核桃营养价值高、社会需求量大，价格较其他农产品高出很多。核桃的规模化种植、产业化运作使得核桃产业的利润明显高于传统农业种植业。因此，在核桃适生区发展核桃产业是增加农民收入、促进地方农业发展的重要手段之一。②生态功能性。规模化种植的核桃林不仅是一种经济林，同时也是一种生态林。把发展核桃产业与退耕还林结合起来，不仅能达到发展经济的目的，也能使生态环境得到有效的改善，生态治理的目标得到落实。③产业带动性。发展核桃产业可以促进农业结构调整，提高农民组织化程度，并带动相关加工业、物流业的发展，产业的发展又反过来提高农民收入，带动农村社会经济的发展。④产业的地域性。核桃产业的发展受到特定的气候条件和立地条件的制约，因此表现出明显的地域性，但同时也构成了核桃适生区发展核桃产业的独特优势。因此，核桃产业也是一个特色产业，发展核桃产业符合我国农业"一村一品""一县一特"的发展思路。⑤产业的成长性。近年来，随着人们生活水平的持续提高，对营养品的要求也来越高，对核桃产品的潜在需求量很大。另外从核桃产业的加工来看，目前核桃的加工份额非常小，核桃粉、核桃油、核桃多肽等潜在的核桃深加工项目的市场前景广阔，因此核桃产业极具成长性。

（一）我国核桃产业发展历程

我国是核桃的原产地之一，已有几千年的栽培历史。中华人民共和国成立前，核桃一直处于实生繁殖和自然生长状态。20世纪50年代中期，全国的核桃栽培技术有所突破，60～70年代受"文化大革命"影响，整个核桃产业发展处于停滞不前甚至倒退的状态，进入80年代后，受国家政策影响和市场驱动作用，全国核桃栽培面积和产量逐年增加，整个核桃产业发展呈现出蒸蒸日上的大好局面。特别是1989年审定通过的16个核桃主栽品种在各地都有着非常广泛的种植，经过我国各级科研部门多年的研究，这些品种在栽培过程中无论从品质、产量还是抗逆性等方面都有更大优势。然而，由于当时核桃市场形式较好，在核桃栽植品种方面缺乏更好的认识，挑选栽植品种过程中出现一味追求新品种、追求高价品种、市场核桃品种参差不齐、以次充好的现象，致使品种质量无法保证，加上一些栽植户盲目跟风、盲目购苗，造成了很多不必要的损失。

我国是核桃的原产地之一，已有 2 000 多年的栽培历史。中华人民共和国成立之前，我国核桃产量小于 5 万吨，20 世纪 50 年代中期，核桃产量达到 10 万吨；可是到了 60 年代，产量又下降至 4 万～5 万吨；直到 70 年代，产量才回升到 7 万～8 万吨；80 年代，全国核桃面积为 9.1 万公顷，年产量达 11.74 万吨；2005 年，核桃面积为 18.6 万公顷，年产量增至 49.907 万吨；这之后核桃产业一直得到了稳步增长。云南核桃产量占全国产量的 18% 左右（铁核桃），稳居全国第一位；新疆与四川稳居在全国第二、三位，陕西、河北、山西在第四至六位波动。

改革开放以来，我国的经济高速发展，人民生活水平不断提高，对核桃的需求量日益增长。再者，核桃可以出口，不愁销路，所以，它是山区群众的"铁杆庄稼""摇钱树"。国内外市场的庞大需求使核桃产业的发展有了广阔的空间，具有良好的市场前景和效益预期。

近年来，国家把发展木本粮油作物作为提升粮油安全保障能力的重要战略举措，先后出台了系列政策予以支持，核桃被列为重点优势发展树种之一，全国确定了 288 个重点基地县，明确了主攻方向、重点任务和保障措施，这对核桃产业的发展产生了巨大的推动作用，发展势头迅猛，种植面积迅速增加。2010 年，我国核桃收获面积为 299.5 万公顷，居四大干果之首；产量为 106.06 万吨，居第二位。2012 年，全国核桃栽培总面积达 555 万公顷，占全国经济林总面积的 14.96%，年产核桃 201 万吨，产值 906 亿元。

此外，核桃作为食品原料在我国由来已久。据不完全统计，以核桃为主、辅原料的食品种类在 200 种以上，如核桃饼、核桃馍、什锦元宵等。核桃用于菜点历史很久。在宋、元朝代的菜谱中便有以核桃作主、辅料的菜肴。地方菜谱如北京的虎皮核桃、上海的桃仁鸡等。目前，最常见的核桃加工产品有糕点糖果的配料、干果仁食品和蛋白饮料产品等，深加工产品主要有核桃油、核桃蛋白、核桃粉和核桃乳等。此外，核桃壳也得到了广泛的开发利用，如将其制成工艺品、优良活性炭，作为清洗抛光材料、涂料添加剂、化妆品添加剂、色素提取原料、滤料及堵漏材料等。但是由于我国的核桃产品加工起步较晚、加工规模小、产品种类少和品质较低，远远落后于核桃生产发达的国家。近年来，随着核桃生产规模的迅速扩大，先后涌现出一批核桃加工企业，使核桃生产及加工水平得到提升，加工布局逐步优化，产品种类逐渐增多，大大推动了核桃产业的发展。

（二）核桃产业市场趋势

核桃是我国传统的出口商品，在国际市场上享有良好的声誉。1921年，我国出口核桃仁达到6 710吨；可是到20世纪30～40年代，每年降到1 000吨以下；50年代开始，我国开始向英国和联邦德国出口大量核桃，出口量将近国际市场的50%；70年代，由于美国核桃质量优质，规格统一，而且加上产量迅速增长，美国很快成为核桃出口大国。1986年之后，我国出口量持续下降，从12 867吨降至1996年的1 606吨，1997年增加到13 217吨，1999年又降至8 282吨。根据联合国粮食及农业组织的统计数据，2008年，中国带壳核桃出口量为1 120吨，仅占世界核桃出口总量的10.18%，出口价格为1 188美元/吨，比世界平均售价低31.84%；去壳核桃出口量为9 367吨，占世界核桃出口总量的12.23%，出口价格为2 811美元/吨，比世界平均售价低16.34%，出口总量占核桃世界贸易总量的份额只有6.12%。不过，近年来，伴随着栽培规模的扩大、产品质量的提高，我国核桃的出口总量也在逐年提高，在国际贸易中所占的份额也逐年增加。由此可见，核桃的市场前景还是十分乐观的。

（三）核桃产业发展影响因素

不同阶段影响核桃产业发展的因素是不同的。初期阶段，由于需要建设基础设施和产业化生产基地，因而投入的启动资金很多，产业发展主要受启动资金影响；进入核桃产业的形成阶段，发展的关键因素就变成了农民自身的投资，核桃产业与其他产业不同，种植周期一般较长，农民投资需求较高，农民投入水平将直接影响其后续的发展状况；成熟阶段，主要影响因素为加工企业的引进和完善核桃市场两方面。

我国从2002年开始在全国范围内执行退耕还林政策，各地都结合自身条件培养了一些有特点的果品产业。但是政府的金融投资远不能满足持续、快速发展的核桃行业。此外，在政府的初始投资后，后续持续经营的部分应该由种植核桃的农民来完成。近些年，农业生产的可持续发展能力变弱，农业基础设施的抗风险能力下降，主要原因是投资不足，或者说投资幅度的大幅下滑，解决农业投资不足的一个有效的方法就是建立和实施合理的农业投资机制。农户是农业资金形成的主体，是农业生产经营的基本单位，农户对农业物质投入的增加，主要是依靠其自身的积累。因此，核桃产业发展中农户的投入行为对加快核桃产业发展是十分关键的。

二、核桃产业投资规划

农业投资是农业经营主体以实现预期收益为目的，将资金投入农业生产的过程。它既包括中央、地方、集体合作经济组织对农业的投资，也包括农户、企业、居民个人等主体用于农业生产经营的投资；既包括农业发展利用的国内投资，也包括所利用的国际资金。农业是弱势产业，农业基础设施投资需要大量的资金，投资收益较滞后，投资回收期较长，具有公共物品的性质，因此，这部分投资一般由政府、集体投资来实现，如公共农田水利设施的投资建设私人一般是不会主动直接承担的。农业生产经营投资主要包括种植过程中购买农业设备、种子、化肥、农药等，这部分通常由农户承担。

农户的投资包括从事农业生产的投资和非农业投资。农户家庭在农业生产中的一切资金都属于农户农业投资。可以分为两种，一种是农户家庭经营费用支出，即农户以家庭为基本的生产经营单位对农业生产进行经营管理所消耗的商品、服务，也包括自产自销的产品，主要有购置种子、农药、化肥、农膜等农资的支出，即农户经营性投入；一种是农户形成农业生产性固定资产的支出，即农户以家庭为基本单位进行农业生产过程中价值较高、使用年限较长且不易损耗、能保持原有物质形态的资产，这主要是生产厂房、大型农业机械、农业装备、机器设备等，即农户生产性投资。

农户的经营性投入行为主要包括两个方面，一类是物质要素的投入，如土地、资金、劳动力等，一类是非物质要素的投入，比如技术、管理等。无疑资金投入是最重要的，是其他要素无法替代的，而且农户资金投入对其他要素的投入具有一定的渗透功能。资金可以用以购买农业资料、承包土地，也可用以雇佣劳动力，还可用以获取先进的农业生产技术和管理技能。农户的日常经营性资金投入在一定程度上反映了农户对经济林的管理水平。由于资金可以转化成经营中几乎所有生产要素，林业资金的投入是当今林业经济发展的第一启动力。农户投入是推动农业发展的主动力，农户经营性资金投入作为农户投入的主要方面，值得我们的高度重视。

（一）核桃产业投资特性

核桃生产过程不同于一般的谷物种植，有其特殊性。①核桃的种植密度低，对土地面积的需求大。种植面积是反映产业规模的重要指标。②核桃成长过程中易受霜冻、病虫害的影响，日常管理较难实现机械化，管理强度大。③核桃产业盈利周期长。早实核桃栽植后 2～3 年开始挂果，6 年以后才能进入丰产期，经营期可达 40 年以上。核桃产业中农户的经营性投入尤为关键，核桃产业的发展需要的经营管理期限较长，农户投入无法在短期内得到回报，需要较长时间才能受益，农户预期对其经营性投入行为的影响作用很大。核桃种植对农户的经营性投入需求强度高。核桃种植中的经营性投入行为有一定技术难度。核桃种植中的农户经营性投入行为在时间上较分散，且具有不确定性。

依靠稳定的投入水平，依托强有力的支持保障平台，走产业化发展道路，实现经济效益、社会效益和生态效益的协调增长。投入是产业发展的动力和源泉，农业投入是决定农业发展水平的最关键因素。在投入充裕的基础上，产业的健康发展离不开强有力的支持保障平台。农业产业化经营反映农业产业发展过程中农业生产的组织形式由传统向现代转变的程度，是提高农业生产力、增强农业竞争力、促进农业现代化的必由之路。产业发展的直接目的就是产生一定的经济效益。就农业产出而言，除了输出较多的农产品、增加经济效益以外，还包括增加就业、稳定社会等社会效益产出。

核桃产业经营期长，核桃产业发展的现阶段，农户经营性投入的高低决定着核桃产业未来发展的成败。农户经营性投入的影响因素是多方面的，主要来自于户主自身、家庭特征、农户对未来的预期、政策因素和社会因素 5 个主要方面。户主的文化程度、家庭种植核桃的面积、核桃收入占家庭总收入的比重、家庭拥有的劳动力数量、农户种植核桃的意愿、对政府技术服务的满意度、社会资本等与农户种植核桃的经营性投入呈显著的正相关；而户主的年龄及核桃销售市场前景的预期与农户的经营性投入呈显著的负相关。其中，核桃收入占家庭总收入的比重是影响农户投资最关键因素。

（二）核桃产业投资与收入

核桃园在进入结果期之前，有一个较长的管理抚育阶段，需要较多的投资，进入盛果期以后，投资成本逐渐收回并有利润。以杨家河张文英带领村民种植的核桃为例介绍核桃的投资与收入。

种 1 亩*核桃的成本与利润分析：

（1）第一年投入。

核桃苗：株距 3 米，行距 4 米，1 亩地栽植 56 棵，每株 12 元，每亩种苗费为 $12×56=672$（元）。

土地费：每亩每年 600 元。

栽植管理费：栽植 1 亩核桃苗，人工费用 300 元，打药除草费用 200 元，浇水施肥费用 300 元，合计 800 元。

第一年总投入资金：$672+600+800=2072$（元）。

（2）第二、三年投入。

土地费：每亩每年 600 元。

核桃园管理费：核桃修剪人工费用 300 元，打药除草费用 200 元，浇水施肥费用 300 元，合计 800 元。

第二、三年总投入资金：$(600+800)×2=2800$（元）。

前 3 年总投入资金：$2072+2800=4872$（元）。

（3）第四年。开始进入结果初期，每株平均产干果 3 千克，按 26 元/千克计算，每亩产量为 $3×56=168$（千克）。

第四年收益：$168×26=4368$（元）。

前 4 年总投入为 $4872+1400=6272$（元）。

（4）第五年。开始进入盛果期，每株平均产干果 8 千克。

第五年收益：$8×56×26=11648$（元）。

前 5 年的成本费为：$6272+1400=7672$（元）。

---

* 亩为非法定计量单位，1 亩＝1/15 公顷。——编者注

第五年收回成本，获得纯利润为：11648 － 7672 ＝ 3976（元）。

（5）第六年。进入盛果期，每株平均产干果 9 千克，每亩核桃的纯利润都在 1 万元以上。

从上面的案例可以看出，核桃园前 4 年是净投入，没有利润，第五年收回成本，开始有利润，第六年进入盛果期，在科学管理的条件下，保证核桃丰产、稳产，市场销售及价格基本稳定的情况下，1 亩核桃的纯收入在 1 万元左右。

第二章
核桃建园技术

一、园地选择标准

核桃园建设是核桃产业中的一项基础工作，因此必须全面规划、合理安排。虽然核桃属植物对自然条件的适应能力很强，但是只有做到适地适树适品种、科学栽培，才能使核桃树健壮生长、丰产稳产、坚果品质优良。

核桃树具有生长周期长、喜光、喜温等特性。建园时，应以适地适树和品种区域化为原则，从园址的选择、规划设计、品种选择到苗木定植，都要严格谨慎。建园前应对当地气候、土壤、降水量、自然灾害和附近核桃树的生长发育状况及以往出现过的问题等进行全面的调查研究。在确定建园地点上，应重点考虑以下几个方面。

（一）核桃适宜生长结果的气温

核桃属于喜温树种。通常核桃苗木或大树适宜生长在年平均气温 9~16℃、极端最低温度不低于－30℃、极端最高温度 38℃以下、无霜期 150 天以上的地区。幼龄树在－20℃条件下出现冻害；成年树虽能耐－30℃的低温，但在低于－26℃的地区，枝条、雄花芽及叶芽易受冻害。泡核桃适应于亚热带气候条件，年平均气温为 12.7~16.9℃，极端最低温度为−5.8℃。

核桃和铁核桃树最忌讳晚霜危害，从展叶到开花期间若温度低于−2℃，持续时间在 12 小时以上，会造成当年坚果绝收；核桃展叶后，如遇−2~4℃低温，新梢会受到冻害；花期和幼果期气温降到−1~2℃时则受冻减产。但生长温度超过 38℃时，果实易被灼伤，核仁发育不良，形成空苞。

（二）核桃适宜的光照

核桃是喜光树种，适于山地的阳坡或平地栽培，进入结果期后更需要充足的光照。光照对核桃生长发育、花芽分化及开花结果均具有重要的影响。全年日照量最好大于 2 000 小时，如少于 1 000 小时，则结果不良，影响核壳、核仁发育，坚果品质降低。特别在雌花开花期，如遇阴雨低温天气，极易造成大量落花落果。郁闭状态下的核桃园结实差、产量低，只有边缘植株结实好。

（三）核桃适宜的水分

核桃不同的种对水分条件的要求有较大差异。铁核桃喜欢较湿润的条件，其栽培主产区年降水量为 800~1 200 毫米；核桃在降水量 500~700 毫米的地区，只要做好水土保持工程，不灌溉也可基本满足要求，保证核桃正常生长和产量。

核桃能耐较干燥的空气，而对土壤水分状况却较敏感，土壤过干或过湿都不利于核桃生长发育。一般土壤含水量为田间最大持水量的 60%~80% 时比较适合核桃的生长发育。长期晴朗而干燥的气候，充足的日照和较大的昼夜温差，有利于促进开花结果。新疆早实核桃的一些优良性状，正是在这样的条件下历经长期系统发育而形成的。土壤太过干旱有碍根系吸收和地上部枝叶的水分蒸腾作用，影响生理代谢过程，甚至提早落叶。当土壤含水量低于绝对含水量的 8%~12%（田间最大持水量的 60%）

时，核桃生长发育会受到影响，造成落花落果、叶片枯萎。幼壮树遇前期干旱和后期多雨的气候时易引起后期徒长，导致越冬后抽条干梢。土壤水分过多，通气不良，会使根系生理机能减弱而生长不良，核桃园的地下水位应距地表 2 米以下。在坡地上栽植核桃必须修筑梯田撩壕等，搞好水土保持工程，在易积水的地方需解决排水问题。

（四）核桃对地形及土壤的要求

地形和海拔不同，小气候各异。核桃适宜于坡度平缓、土层深厚而湿润、背风向阳的环境条件下栽培。种植在阴坡，尤其坡度过大和迎风坡上，往往生长不良，产量很低，甚至成为"小老树"，坡位以中下部为宜。同一地区，海拔高度对核桃的生长和产量有一定影响。

海拔高度对核桃的生长和产量也有一定影响。核桃在北方地区多分布在海拔 1 000 米以下；秦岭以南多生长在海拔 500～2 500 米，分布最高的地区是西藏拉孜县徒庆林寺，其海拔为4 200 米；在云贵高原多生长在海拔 1 500～2 500 米，其中，云南漾濞地区海拔 1 800～2 000 米，为铁核桃分布区，在该地区海拔低于 1 400 米则生长不正常，病虫害严重；在辽宁西南部适宜生长在海拔 500 米以下，高于 500 米气候寒冷、生长期短，核桃不能正常生长结果。

核桃为深根性树种，对土壤的适应性较强，无论在丘陵、山地还是平原都能生长。土层厚度在 1 米以上时生长良好，土层过薄影响树体发育，容易"焦梢"，且不能正常结果。核桃在含钙的微碱性土壤上生长良好，土壤 pH 适应范围为 6.2～8.2，最适宜范围为 6.5～7.5。土壤含盐量宜在 0.25% 以下，超过0.25% 即影响生长和产量，含盐量过高会导致植株死亡，氯酸盐比硫酸盐危害更大。

（五）风力对核桃生长结果的影响

核桃是风媒花。花粉传播的距离与风速、地势等关。据报道，最佳授粉距离在 100 米以内；超过 300 米，几乎不能授粉，需要进行人工授粉。在一定范围内，花粉的散布量随风速增加而加大，但随距离的增加而减少。但是在核桃授粉期间经常有大风的地区应该进行人工授粉或选择单性结实率高的品种。在冬、春季多风地区，迎风的核桃易抽条、干梢等影响发育和开花结实。由于其一年生枝髓心较大，在冬、春季多风地区，生长在迎风坡面的树易抽条、干梢，影响树体发育和开花结实，栽培中应加以注意，应建防风林。

二、核桃园的规划

选定核桃园地之后，就要作出具体的规划设计。园地规划设计是一项综合性工作，在规划时应按照核桃的生长发育特性，选择适当的栽培条件，以满足核桃正常生长发育的要求。对于那些条件较差的地区，要充分研究当地土壤、肥水、气候等方面的特点，采取相应措施，改善环境，在设计过程中，逐步解决和完善。

（一）规划设计的原则和步骤

我国的核桃多在山坡地栽植，山地具有空气流通、日照充足、排水良好等特点，但是山地地形多变、土壤贫瘠、交通和灌溉不方便。以前，核桃都是零星栽植。近年来，随着机械化程度的提高，成片栽培逐渐增加。园地的选择和规划成为一项十分重要的工作。因此，在建园时应该提前进行规划。

1. 规划设计的原则

（1）因地制宜，统一规划。核桃园的规划设计应根据建园方针、经营方向和要求，充分考虑当地自然条件、物质条件、技术条件等因素，进行整体规划。要因地制宜选择良种，依品种特性确定品种配置及栽植方式。优良品种应具有丰产、优质和抗性强的特点。

（2）有利于机械化的管理和操作。核桃园中有关交通运输、排灌、栽植、施肥等，必须有利于实行机械化管理。平原地可以采取宽行密植的栽培方式，这样有利于机械化操作。

（3）合理布局，便于管理。规划设计中应把小区、路、林、排、灌等协调起来，节约用地，使核桃树的占地面积不少于85%。为便于管理，平原果园应将原地划分为若干个生产小区；山地果园则以自然沟、渠或道路划分。为了获得较好的光照，小区最好南北走向。果园道路系统的配置，应以便于机械化、田间管理为原则。全园各个小区都要用道路相互连接。道路宽度以能通过汽车或小型拖拉机为准。主防护林要与有害风向垂直，栽3～7行乔木。林带距核桃树要有间隔，一般不少于15米。

（4）设计好排灌系统，达到旱能灌、涝能排。在山坡、丘陵地建园，要多利用水库、池塘、水窖和水坝来拦截地面径流储蓄水源。还可以利用地下水或河流的水进行灌溉。为节约水资源，生产上应大力推广滴灌、喷灌等节水设施，这样还可以节约劳动力。核桃不耐涝，在平原建园时，要建好排水系统。

2. 规划设计的步骤

（1）深入调查研究。为了解建园地区的概况，规划前必须对建园地点的基本情况进行详细调查，为园地的规划设计提供依据，以防止因规划设计不合理给生产造成损失。参加调查的人员应包括从事果树栽培、植物保护、气象、土壤、水利、测绘等方面的技术人员及农业经济管理人员。调查内容包括以下几个方面。

①社会情况。包括建园地区的人口、土地资源、经济状况、劳动力情况、技术力量、机械化程度、交通能源、管理体制、市场销售、干鲜果比价、农业区划情况及有无污染源等。

②果树生产情况。包括当地果树及核桃的栽培历史，主要树种、品种，果园总面积、总产量；历史上果树的兴衰及原因；各种果树和核桃的单位面积产量；经营管理水平及存在的主要病虫害等。

③气候条件。包括年平均温度、极端最高和最低温度、生长期积温、无霜期、年降水量等；常年气候的变化情况，应特别注意对核桃危害较严重的灾害性天气，如冻害、晚霜、雹灾、涝害等。

④土壤调查。包括土层厚度，土壤质地，酸碱度，有机质含量，氮、磷、钾及微量元素的含量等，以及园地的前茬树种或作物。

⑤水利条件。包括水源情况、水利设施等。

（2）现场测量制图。当建园面积较大或在山地建园时，需进行面积、地形、水土保持工程的测量工作。平地测量较简单，常用罗盘仪、小平板仪或经纬仪，以导线法或放射线法将平面图绘出，标明突出的地形变化和地物。山地建园需要进行等高测量，以便修筑梯田、撩壕、鱼鳞坑等水土保持工程。

规划设计，园地测绘结束以后，按核桃园规划的要求，根据园地的实际情况，对作业区、防护林、道路、排灌系统、建筑用地、品种的选择和配置等进行规划，并按比例绘制核桃园平面规划设计图。

（二）园地规划设计

传统核桃树主要有 3 种栽培方式。第一种是集约化园片式栽培，无论幼树期是否间作，到成龄树时均成为纯核桃园；第二种是间作式栽培，即核桃与农作物或其他果树、药用植物等长期间作，此种栽培方式能充分利用空间和光能，且有利于提高核桃的生长和结果，经济效益快而高；第三种是利用沟边、路旁或庭院等闲散土地的零星栽植，这也是我国发展核桃生产不可忽视的重要栽培方式。

零星栽培只要园地符合要求，并进行适当的品种配置即可。而其他两种栽培方式，在定植前，均要根据具体情况进行详细的调查和规划设计。主要内容包括：作业区划分、道路系统的规划、防护林的设置、排灌系统的设置、辅助设施的规划等。

1. 作业区划分　作业区是核桃园的基本生产单位。形状、大小、方向都应与当地的地形、土壤条件及气候特点相适应，要与园内道路系统、排灌系统及水土保持工程的规划设计相互配合协调。为保证小区内技术的一致性，小区内的土壤及气候条件应基本一致，地形变化不大，耕作比较方便，小区面积可定为 30 000～70 000 米²。地形复杂的山地核桃园，为防止水土流失，依自然地形划定小区。小区的形状多设计为长方形，方向最好为南北向。平地核桃园，作业区的长边应与当地风害的方向垂直，以减少风害。山地建园，作业区可采用带状长方形。同时，要保持作业区内的土壤、光照、气候条件相对一致，更有利于水土保持工程的施工及排灌系统的规划。

2. 道路系统的规划　为使核桃园生产管理高效方便，应根据需要设置宽度不同的道路。一般中大型核桃园由主路（或干路）、支路和作业道3级道路组成。主路贯穿全园，需要能通过汽车、大型拖拉机等，便于运输农资、果品等，宽度要求6～8米。支路是连接干路通向作业区的道路，需要能通过小型拖拉机便于机械化作业，宽度要求达到4～6米。小路是作业区内从事生产活动的要道，宽度要求达到2～3米。小型核桃园可不设主路和小路，只设支路。山地核桃园的道路应根据地形修建，避免道路过多占用土地。

3. 防护林的设置　防护林主要作用是降低风速、提高局部空气温度、增加湿度等。防护林树种选择，应尽量就地取材，选用适应性强、生长速度快、寿命长，与核桃无共同病虫害，并有一定经济价值的树种。核桃园常选用树冠上下均匀透风的疏透林带或上部不透风、下部透风的透风林带。为加强对主要有害风的防护，通常采用较宽的主林带，一般宽约 20 米。另外设 10 米宽的副林带，以防其他方向的有害风。

防护林常以乔木、小乔木和灌木组成。行距 2～2.5 米，株距 1～1.5 米。为防止林带遮阴和树根伸入核桃园影响核桃树生长，一般要求南面林带距核桃树 20～30 米，北面林带距核桃树 10～15 米。

4. 排灌系统的设置 排灌系统是核桃园科学、高效、安全生产的重要组成部分，要达到旱能灌、涝能排。生产上主要有渠道灌溉、滴灌和喷灌。渠道灌溉，包括干渠、支渠和园内灌水沟。干渠将水引至园中，纵贯全园。支渠将水从干渠引至作业区。灌水沟将支渠的水引至行间，直接灌溉树盘。渠道的深浅和宽窄应根据水的流量而定。平地核桃园的干渠与支渠呈"非"字形，干渠和支渠可采用地下管网。山地核桃园支渠道与主渠道呈T形，干渠位置要高些，应设在分水岭或坡面上方，以利于扩大灌溉面积。山地核桃园的灌水渠道应与等高线走向一致，配合水土保持工程，按一定的比降修筑，可以排灌兼用。大水漫灌水资源浪费大，水肥流失严重，易引起土壤板结。

肥水一体化技术就是通过灌溉系统施肥，核桃在吸收水分的同时也可吸收养分。灌溉同时进行的施肥一般是在压力作用下将肥料溶液注入灌溉输水管道，溶有肥料的水通过灌水器注入根区，果树根系一边吸水，一边吸肥，显著提高了肥料的利用率，是现代核桃生产管理的一项重要技术。目前，以滴灌施肥最普遍，具有显著的节水节肥、省工省时、增产增效的作用。

滴灌由主管、支管、分支管和毛管组成。分支管按树行排列，每行树一条；毛管则是每棵树沿树冠边缘环绕一周。滴灌用水比渠道灌溉节约 75%，比喷灌节约 50%。

核桃多在山地、丘陵栽培，这些地区一般灌溉比较困难。因此，山地、丘陵和干旱地区建核桃园时，可结合水土保持、修水库、开塘堰、挖涝池，尽量保蓄雨水，以满足核桃树生长发育的需求。平地核桃园，除了打井修渠满足灌溉以外，对于易涝的低洼地带，要设置排水系统。

核桃是深根树种，忌水位过高，地下水位距地表小于 2 米，核桃的生长发育即受抑制。因此，排水问题不可忽视，特别是起伏较大的山地核桃园和地下水位较高的下湿地，都应重视排水系统的设计。山地核桃园主要排除地表径流，多采用明沟法排水，排水系统由梯田内的等高集水沟和总排水沟组成。集水沟可修在梯田内沿，而总排水沟应设在集水线上。平地核桃园的排水系统是由小区以内的集水沟和小区边沿的支沟与干沟三部分组成，干沟的末端为出水口。集水沟的间距要根据平时地面的积水情况而定，一般每隔 2～4 行挖一条集水沟。支沟和干沟通常都是按排灌兼用的要求设计，如果地下水位过高，需要结合降低水位的要求加大深度。

5. 辅助设施的规划　辅助设施主要包括管理用房、农用机械等的仓库、配药池、有机肥堆放场等。管理用房、农用机械等的仓库要靠近主路，交通方便；配药池、有机肥堆放场最好位于核桃园中心，便于运输。

三、栽植技术

（一）平整改良园地与挖穴

核桃树属于深根性植物。因此，要求土层深厚、较肥沃的土壤。不论在山地或平地栽植，均应提前进行土壤熟化并做好增加肥力的准备工作。土壤准备主要包括平整土地、修筑梯田及水土保持工程的建设等。在此基础上还要进行深翻熟化、改良土壤、贮备肥料、定点挖穴等各项工作。整地挖穴一般在秋季土壤上冻前或春季土壤化冻后进行。

1. 深翻熟化和改良土壤 通过深翻可以使土壤熟化，同时改善表土层以下淋溶层、淀积层的土壤结构。核桃多栽培在山地、丘陵区，少部分栽培在平原。对于活土层浅、理化性质差的土壤，深翻显得更为重要。深耕的深度为80～100厘米。深翻的同时可以进行土壤改良，包括增施有机肥、绿肥，使用土壤改良剂等。沙地栽植，应混合适量黏土或腐熟秸秆以改良土壤结构；在黏重土壤或下层为砾石的土壤上栽植，应扩大定植穴，并采用客土、掺沙、增施有机肥、填充草皮土或表面土的方法来改良土壤。

2. 贮备肥料 肥料是核桃生长发育良好的基础，特别是有机肥，其所含的营养比较全面，不仅含有核桃生长所需的营养元素，而且含有维生素、氨基酸、葡萄糖、DNA、RNA、酶等多种活性物质，可提高土壤腐殖质，增加土壤孔隙度，改善土壤结构，提高土壤的保水和保肥能力。在核桃栽植时，施入适量有机底肥，能有效促进核桃的生长发育，提高树体的抗逆性和适应性。如果同时加入适量的磷肥和氮肥作底肥，效果更显著。为此，在苗木定植前，应做好肥料的准备工作，可按每株20～30千克准备有机肥，按每株1～2千克准备磷肥。如果以秸秆为底肥，应施入适量的氮肥。

3. 定点挖穴 在完成以上工作的基础上，按预定的栽植设计，测量出核桃的栽植点，并按点挖栽植穴或栽植沟。栽植穴或栽植沟，应于栽植前一年的秋季挖好，使心土有一定熟化的时间。

地势平坦的园区，挖栽植沟。栽植沟整地以南北为行挖通沟，并且与排水沟垂直为最好，以利于排涝；沟宽与沟深为1米。挖沟时，将表土与生土分别堆放。栽植沟挖好后，先将作物秸秆回填于沟底，厚度30厘米左右；再将表土、有机肥和化肥混合后进行回填，一般每亩施有机肥2 000千克以上，无机复合肥50千克；最后将生土摊平，灌水沉实。

丘陵地区，按等高线整地挖穴。坡度为 5°～15° 的缓坡地，修整成梯田，在梯田内挖大穴；坡度 16°～25° 的山地，挖大穴修整成鱼鳞坑。穴深与宽都为 1 米，将表土、有机肥和化肥混合后进行回填，每定植穴施优质农家肥 30～50 千克、磷肥 3～5 千克，然后浇水压实。梯田外高里低，梯田内侧留排水沟；修整鱼鳞坑要以栽植点为中心，修成外高内低的半月形土坑。

（二）栽植苗木

1. 苗木规格要求　苗木质量直接关系到建园的成败。苗木要求通过省级以上审定；品种纯正，无病虫害；二至三年生，主干充实，主根发达，侧根完整，嫁接部位愈合良好，苗高 1 米以上，干径不小于 1.2 厘米。国家 1988 年发布实施的苗木规格见表 2-1。苗木长途运输时应注意保湿，避免风吹、日晒、冻害及霉烂。

表 2-1　嫁接苗的质量等级

项　　目	一　级	二　级
苗高（厘米）	＞60	30～60
基径（厘米）	＞1.2	1.0～1.2
主根长度（厘米）	＞20	15～20
侧根数（条）	＞15	＞15

2. 授粉树配置　选择栽植的授粉树品种，应具有良好的商品性状和较强的适应能力。核桃具有雌雄异熟、风媒传粉、传粉距离短及坐果率差异较大等特性，为了提供良好的授粉条件，最好选用 2～3 个主栽品种，而且能互相授粉（表 2-2）。专门配置授粉树时，可按每 4～5 行主栽品种，配置 1 行授粉品种。山地梯田栽植时，可以根据梯田面的宽度，配置一定比例的授粉树，原则上主栽品种与授粉品种比例不宜低于 8：1。授粉品种也应具有较高的商品价值。

表 2-2　核桃授粉品种配置参考

品种类群	雌雄异熟性	品种
早实核桃	雌先型	鲁丰、中林 5 号、鲁果 3 号、鲁果 6 号、绿波、辽宁 5 号、辽宁 10 号、中林 1 号、中林 3 号、中林 5 号、陕核 1 号
	雄先型	香玲、岱丰、岱辉、岱香、鲁光、鲁果 1 号、鲁果 2 号、鲁果 4 号、鲁果 5 号、鲁果 7 号、鲁果 8 号、鲁核 1 号、薄丰、辽宁 1 号、辽宁 3 号、辽宁 7 号、寒丰、西扶 1 号
晚实核桃	雌先型	礼品 2 号、京香 3 号
	雄先型	晋龙 1 号、晋龙 2 号、礼品 1 号、西洛 2 号、西洛 3 号、北京 746、京香 2 号

3. 栽植密度　核桃喜光，栽植密度过大，果园郁闭，影响产量；密度过小，土地利用率低。因此，核桃栽植密度，应根据立地条件、栽培品种和管理水平不同而异，以单位面积能够获得高产、稳产、便于管理为原则。栽培在土层深厚、肥力较高的条件下，树冠较大，株行距也应大些，晚实核桃可采用 6 米×8 米或 8 米×9 米，早实核桃可采用 4 米×5 米或 4 米×6 米，也可采用 3 米×3 米或 4 米×4 米的计划密植形式，当树冠郁闭光照不良时，可有计划地间伐成 6 米×6 米和 8 米×8 米。

对于栽植在耕地田埂、坝堰、以种植作物为主，实行果粮间作的核桃园，间作密度不宜硬性规定，一般株行距为 6 米×12 米或 8 米×9 米。山地栽植以梯田宽度为准，一般 1 个台面 1 行，台面宽于 20 米的可栽植两行，台面宽度小于 8 米时，隔台 1 行，株距一般为晚实核桃 5～8 米，早实核桃 4～6 米。

4. 栽植　核桃的栽植时间分为春季和秋季两种。北方核桃以春季栽植为宜，特别是芽接苗，一定要在春季定植，时间在土壤解冻至发芽前。北方春季干旱，应注意灌水和栽后管理。冬季寒冷多风，秋季栽植幼树容易受冻害或抽条，因此，秋季栽植时应注意幼树防寒。冬季较温暖、秋季栽植不易发生抽条的地区，落叶后秋季栽植或萌芽前春季栽植均可。

栽植以前，将苗木的伤根、烂根剪除后，将根系放在 500～1 000 毫克/升的 ABT 生根粉 3 号溶液中浸泡 1 小时以上；或用泥浆蘸根，使根系吸足水分，以利成活。栽植前还要先按设计的株行距划线定点，然后挖长宽深为 40 厘米×40 厘米×40 厘米的定植穴，把树苗放入定植穴中央，扶正，舒展根系，分层填土，边填、边提、边踏，使根系与土充分接触，培土至与地面相平，栽植深度可略超过原苗木根径 5 厘米，全面踏实后，打出树盘，充分灌水，待水渗下后，用高 40 厘米以上的大土墩封好苗木颈部，以防抽条保湿保温。

提高核桃栽植成活率的措施。①严把苗木质量关，选择主根及侧根完整、芽饱满粗壮、无病虫害的苗木。②修剪根系，将苗木的过长根、伤根、烂根剪除，露出新茬。③修剪完根系，栽前浸水，清水浸泡根系 4 小时以上，使苗木充分吸水，以利苗木的萌发和生根。④ABT 生根粉处理，苗木浸足水后，用 500～1 000 毫克/升的 ABT 生根粉 3 号溶液浸泡根系 1 小时，促进愈合生根。⑤挖大穴，保证苗木根系舒展；在灌溉困难的园地，大土墩封好苗木不仅可防旱保墒，而且可保持地温，促进根系再生恢复；土墩以上苗干涂刷聚乙烯醇胶液［聚乙烯醇：水＝1∶（15～20），先将水烧至 50℃左右，然后加入聚乙烯醇，随加随搅拌，直至沸腾，然后用文火熬制 20～30 分钟后即可］，以防苗木失水抽干。⑥防治病虫害，早春金龟子吃嫩叶、芽，故应特别注意。

四、核桃苗栽植当年的管理

（一）除草施肥灌水

为了保证苗木栽植成活，促进幼树的生长发育，应及时进行人工除草、施肥灌水并且加强土壤管理等。

栽植后应根据土壤干湿状况及时浇水，以提高栽植成活率，促进幼树生长。栽植灌水后，也可地膜覆盖树盘，以减少土壤蒸发。在生长季，结合灌水，可追施适量化肥，前期以追施氮肥为主，后期以磷、钾肥为主；也可进行叶面喷肥。

（二）苗木成活情况检查及补栽

春季萌发展叶后，应及时检查苗木的成活情况，对未成活的植株，应及时补植同一品种的苗木。

（三）定干与重短截

春季萌芽后定干，对于达到定干高度的幼树，要及时进行定干。定干高度要依据品种特性、栽培方式及土壤和环境等条件而确定，立地条件好的核桃树定干可以高一点；平原密植园，定干要适当低一些。一般来讲，早实核桃的树冠较小，定干高度一般以 1.0～1.2 米为宜；晚实核桃的树冠较大，定干高度一般为 1.2～1.5 米；有间作物时，定干高度为 1.5～2.0 米。栽植于山地或坡地的晚实核桃，由于土层较薄、肥力较差，定干高度可在 1.0～1.2 米。果材兼用型品种，为了提高干材的利用率，干高可定在 3 米以上。

苗木高度达不到当年定干要求的，也可翌年定干。但当年可在嫁接部位以上 1～2 个芽子处进行重短截，在发芽后保留一个壮芽萌发抽枝，只要加强管理，一般第二年就可达到定干高度。

（四）及时除萌，合理间作

嫁接苗建园，由于定干等措施的使用，嫁接部位以下砧木易萌发新芽，要及时检查和除萌，避免浪费营养，抑制嫁接部位以上生长。

在不影响核桃树正常生长的前提下，适时合理间作。可在行间种植花生、甘薯、豆类等矮秆作物，但要在树行间留足 1.5 米营养带，避免间作物与核桃争水、争肥、争光。

（五）冬季防抽干

我国华北和西北地区冬季寒冷干旱，栽后 2～3 年的核桃幼树，经常发生抽条现象。因此，要根据当地具体情况，进行幼树防寒和防抽条工作。

防止核桃幼树抽条的根本措施是提高树体自身的抗冻性和抗抽条能力。加强水肥管理，按照前促后控的原则，7 月以前以施氮肥为主，7 月以后以磷、钾肥为主，并适当控制灌水。在 8 月中旬以后，对正在生长的新梢进行多次摘心并开张角度或喷布 1 000～1 500 毫克/千克的多效唑，可有效控制枝条旺长，增加树体的营养贮藏和抗性。入冬前灌一次冻水，提高土壤的含水量，减少抽条的发生。及时防止大青叶蝉在枝干上产卵危害。

幼树防抽条，最安全的方法是在土壤结冻前，将苗木弯倒，全部埋入土中，覆土 30～40 厘米，第二年萌芽前再把幼树扶出扶直。不易弯倒的幼树，涂刷聚乙烯醇胶液，也可树干绑秸秆、涂白，减少核桃枝条水分的损失，避免抽条发生。

第三章
核桃苗木繁育技术

核桃苗木的优劣直接影响其产量和品质。优良苗木是核桃生产的基础，也是制约我国核桃发展的根本问题。因此，根据各地的自然条件，因地制宜培育优质苗木，是建立苗圃的首要任务。

随着核桃产业的快速发展和科学技术的迅速提高，核桃育苗技术也得到相应的发展和提高，例如，核桃夏季凹芽接技术、核桃改进绿枝接技术、核桃夏季方块芽接技术、核桃嫩枝扦插繁殖技术和核桃硬枝生根技术等，使核桃育苗年限大大缩短，为核桃产业化育苗和工厂化育苗开辟了广阔的前景。但目前，在核桃苗木繁育中，有关砧木品种化、砧木选择、嫁接组合及良种采穗园的建立等问题，都要认真研究和解决，以提高核桃苗木质量和数量，促进核桃产业绿色高效发展。

一、育苗地的选择与规划

（一）育苗地的选择

（1）核桃的育苗地应选择在背风向阳、地势平坦、土质差异小、地下水位在地表 1～1.5 米以下的地方。地势低洼的土地，已遭霜冻和积水，不可育苗。

（2）育苗地应选择土层深厚、土壤肥沃、质地疏松、排水良好、pH 为中性（7～7.5）的地块。

（3）育苗地要有好的灌溉条件，无病虫害。

（4）育苗地要选择在交通方便、有利于生产资料和苗木运输、有利于机械化作业的地块。

（5）育苗地不要重茬，重茬容易造成营养元素的缺乏和有害物质的积累，使苗木质量下降。

（二）育苗地的规划

核桃育苗圃规划要科学合理，一般包括采穗园和繁殖区两部分。采穗园主要供应各种优良品种的接穗及自根苗木繁殖材料。采穗园的品种应根据品种区域化的要求进行选择，编号登记，做到品种类型正确无误。为了便于管理，可将繁殖区划分为实生苗培育区、嫁接苗培育区和自根苗培育区。繁殖区要合理轮作倒茬，切忌连作。道路规划、房舍修建、排灌系统的设置和防护林的营造，都要依据便于管理、节约占地的原则进行安排。

二、砧木的培育

核桃在我国分布广泛，各地使用的砧木也各不相同。可以根据本地的实际情况，选择适应性强、亲和力好、嫁接成活率高的核桃为砧木。

（一）砧木的选择

目前，核桃砧木苗多是用种子繁育而成的实生苗。砧木应具有对土壤干旱、水淹、病虫害的抗性，或具有增强树势、矮化树体的性状。砧木的种类、质量和抗性直接影响嫁接成活率及建园后的经济效益。选择适宜于当地条件的砧木乃是保证丰产的先决条件。因此，砧木的选择是很重要的，包括种内不同类型的选择和不同树种及其种间杂交子代的选择两个方面，并着重参考生长势、亲和力和抗土壤逆境与病虫害等指标。

优良砧木的标准是生长势强，能迅速扩大根系，促进树体生长；抗逆性强，尤其是对土壤盐碱的抗性；抗病性强。目前，已开始频繁发生核桃根系病害，因此，应针对生产地区的主要病害，选用抗病性强、嫁接亲和力强的砧木。

培育健壮的优良品种苗木，是发展核桃生产的基础条件之一。我国大部分核桃产区历史上沿用实生繁殖，其后代分离很大，即使在同一株树上采集的种子，后代也良莠不齐，单株间差异悬殊。因此，今后的核桃栽培中，必须推广使用砧木无性繁殖，使用优良的砧木，嫁接优良品种，才能达到高产优质栽培的目的。

我国核桃资源丰富，原产于国内和从国外引进的共有 9 个种，其中用于砧木的有 7 个种，即核桃、泡核桃、核桃楸、野核桃、河北核桃、吉宝核桃和心形核桃，常用的是前 4 种（表 3-1）。

表 3-1　核桃主要砧木种类及其特性

树　种	特　　性
核桃	亲和力强，成活率高，实生苗变异大，对盐碱、水淹、根腐、线虫等敏感，是我国北方核桃栽培区常用的砧木
泡核桃	亲和力较强，生长势旺，抗寒性差，适应北亚热带气候，是我国云、贵、川等省栽培中常用的砧木，在北方不能越冬
核桃楸	亲和力较强，实生苗变异大，抗寒，不耐干旱，苗期长势差，易发生小脚现象
野核桃	耐干旱，耐瘠薄，适应性强，易发生小脚现象，适于山地和丘陵地区栽植
河北核桃	亲和力强，成活率高，生长势旺，抗寒性强，是我国北方核桃的优良砧木
黑核桃	抗寒性强，较抗线虫和根腐病，有矮化及早实的作用，有黑线病

（续）

树　种	特　　性
加州黑核桃	亲和力强，对线虫、根腐病敏感，较抗蜜环菌
得克萨斯黑核桃	亲和力强，矮化，耐盐碱
奇异核桃	抗线虫、根腐病，耐山地瘠薄，生长快速

1. 核桃　核桃又名胡桃、羌桃、万岁子等，在国内外栽培比较广泛。落叶乔木。一般树高 10～30 米，最高可达 30 米以上，寿命可达一二百年，最长可达 500 年以上。

树冠大而开张，呈自然半圆形或圆头状。树干皮灰白色、光滑，老时变暗有浅纵裂。枝条粗壮，光滑，一年生枝绿褐色，具白色皮孔。混合芽圆形或三角形，隐芽很小，着生在枝条的基部；雄花芽为裸芽，圆柱形，呈鳞片状。奇数羽状复叶，互生，长 30～40 厘米，小叶 5～9 片，复叶叶柄圆形，基部肥大，有腺点，脱落后，叶痕大，呈三角形。小叶长圆形，倒卵形或广椭圆形，具短柄，先端微尖，基部心形或扁圆形，叶缘全缘或具微锯齿。雄花序为柔荑花序，长 8～12 厘米，花被 6 裂，每小花有雄蕊 12～26 枚，花丝极短，花药成熟时为杏黄色。雌花序顶生，小花 2～3 簇生，子房外密生细柔毛，柱头 2 裂，偶有 3～4 裂，呈羽状反曲，浅绿色。果实为假核果，圆形或长圆形，果皮肉质，表面光滑或具柔毛，绿色，有稀密不等的黄白色斑点，果皮内有种子 1 枚，外种皮骨质，称为坚果壳或核壳，表面具刻沟或皱纹。种仁呈脑状，被黄白色或黄褐色的薄种皮，其上有明显或不明显的脉络。

在河北、河南、山西、山东、北京等北方地区，核桃是嫁接的主要本砧。核桃作本砧嫁接亲和力强，接口愈合牢固，我国北方普遍使用。其成活率高，生长结果正常。但是，由于长期采用商品种子播种育苗，实生后代分离严重，类型复杂，在出苗期、生长势、抗性及与接穗的亲和力等方面都有差异。因此，培育出的嫁接苗也多不一致。

2. 泡核桃 泡核桃又名铁核桃、漾濞核桃等。落叶大乔木，一般树高 10～30 米，寿命一般为一二百年，最长可达 600 年以上。树干皮灰褐色，老时皮灰褐色，有纵裂。一年生枝浅绿色或绿褐色，光滑，具白色皮孔。奇数羽状复叶，长 60 厘米左右，小叶 9～13 片，顶叶较小或退化，小叶呈长圆形或椭圆披针形，基部斜形，先端渐小，叶缘全缘或微锯齿，表面绿色光滑，背面浅绿色。雄花序为柔荑花序，长 5～25 厘米，每小花有雄蕊 25 枚。雌花序顶生，小花 2～4 朵簇生，柱头两裂，初时粉红色，后变为浅绿色。果实为核果，圆形黄绿色，表面被柔毛，果皮内有种子 1 枚，外种皮骨质，称为果壳，表面具刻点状，果壳有厚薄之分。内种皮极薄，呈浅棕色，有脉络。

泡核桃主要分布于我国西南各省，坚果壳厚而硬，果形较小，难取仁，出仁率低，壳面刻沟深而密，商品价值低。泡核桃是娘青核桃、三台核桃、大白壳核桃、细香核桃等品种的良好砧木，亲和力强，嫁接成活率高，愈合良好，无大、小脚现象。用泡核桃嫁接泡核桃的方法在我国云南、贵州等地已有 200 多年的历史。

3. 核桃楸 核桃楸又名山核桃、楸子核桃等。落叶乔木，高达 20 米以上。树冠长圆形，树干通直，皮灰色或暗灰色，交叉纵裂，裂缝菱形，小枝灰色粗壮，有腺毛，皮孔白色隆起。芽三角形，顶芽肥大、侧芽小，被黄褐色柔毛。奇数羽状复叶互生，长 6～18 厘米，宽 3～7.6 厘米，叶总柄有褐色腺毛，小叶 9～17 片，柄极短或无柄，长圆形或卵状长圆形，基部扁圆形，先端渐尖，边缘细锯齿，表面初时有毛，后光滑，背面密生短柔毛。雄花序长 10～30 厘米，着生小花 240～250 朵，萼片 4～6 裂，每小花有雄蕊 4～24 枚，花丝短，花药长，杏黄色。雌花序有 5～7 朵小花，串状着生于密生柔毛的花轴上。花萼 4 裂，柱头两裂呈紫红色。果实卵形或卵圆形，先端尖，果皮表面有腺毛，成熟时不开裂。坚果长椭圆形，先端锐尖，表面有 8 条纵棱脊，壳和内隔壁坚厚，内种皮很薄，呈暗黄色。

核桃楸主要分布在我国东北和华北各省，垂直分布海拔2 000米以上。其根系发达，适应性强，十分耐寒，是核桃属中最耐寒的一个种，也十分耐干旱和瘠薄。果实壳厚而硬，难取仁，表面壳沟密而深，商品价值低。核桃楸野生于山林中，种子来源广泛，育苗成本低，能增加品种树的抗性，扩大核桃的分布区域。但是，核桃楸嫁接品种，后期容易出现小脚现象，而且其嫁接成活率和成活后的保存率都不如核桃砧木。

4. 野核桃 野核桃是落叶乔木或小乔木，由于其生长环境的不同，树高一般为5～20米。树冠广圆形，一年生枝灰绿色，具腺毛。奇数羽状复叶，一般40～50厘米，长者达100厘米以上，小叶9～17片，卵状或倒卵状，短圆形，无柄，基部扁圆形或心脏形，先端渐尖。叶缘细锯齿，表面暗绿色，有稀疏的柔毛，背面浅绿色，密生腺毛，中脉与叶柄具腺毛。雄花序长20～25厘米，雌花序有6～10朵小花呈串状着生。果实卵圆形，先端急尖，表面黄绿色，有腺毛。种子卵圆形，种壳坚厚，有6～8条棱骨，内隔壁骨质，内种皮黄褐色极薄，脉络不明显。

野核桃主要分布于江苏、江西、浙江、湖北、四川、贵州、云南、甘肃、陕西等地，常见于湿润的杂林中，垂直分布海拔为800～2 000米。果实个小，壳硬，出仁率低，多用作核桃砧木。但是，嫁接容易出现小脚现象，而且其嫁接成活率不如核桃砧木。

5. 河北核桃 河北核桃又名麻核桃。落叶乔木，树高10～20米。树干皮灰色，光滑，老时有浅纵裂。小枝灰褐色粗壮光滑。叶为奇数羽状复叶，长45～80厘米，小叶7～15片，长圆形或椭圆形，顶端渐尖，茎部歪斜、圆形，边缘全缘或微锯齿，表面深绿色，光滑，背面灰绿色，疏生短柔毛，脉腋间有簇生。雄花序顶生，长20～25厘米，小花2～5个簇生，花序轴有稀疏腺毛，雌花序3～8朵，小花串状着生于被有短茸毛的花轴上，每花序着果 1～4 个，果实近圆形，微有毛或光滑，浅绿色，先端凸尖，坚果长圆形，顶端短尖，有明显或不明显的 6～8 条脊棱，缝合线隆起，壳坚厚不易开裂，内隔壁发达骨质，种仁难取。该种是核桃和核桃楸的天然杂交种。

河北核桃在中国北京、河北、辽宁等地有生长，主要分布于河北、天津、山西和北京的部分山区。因其内果皮质地坚硬，花纹多样，多被用于把玩，所以又名文玩核桃。用麻核桃作核桃砧木，亲和力较强，生长势旺，抗寒性强，是一种优良的核桃砧木。

6. 黑核桃　黑核桃是落叶大乔木，树高可达 40 米以上，树冠圆形或圆柱形。树皮暗褐色或灰褐色，纵裂深。一年生枝灰褐色或暗灰色，具灰色茸毛，皮孔稀而凸起。顶芽阔三角形，侧芽三角形，较小。奇数羽状复叶、小叶 15～23 片，近于无柄，小叶卵状披针形，基部扁圆形，先端渐尖，边缘有不规则的锯齿，表面微有短柔毛或光滑，背面有腺毛。雄花序长 5～12 厘米，小花有雄蕊 20～30 枚。雌花序顶生，小花 5～11 朵簇生。果实圆球形，浅绿色，表现有小凸起，被柔毛。青皮成熟时与坚果壳不分离，坚果为圆形稍扁，先端微尖，壳面有不规则的深刻沟，壳坚厚，难开裂。

黑核桃原产于北美，目前在中国北京、南京、辽宁、河南等地都有生长。用黑核桃作核桃砧木，抗寒性强，较抗线虫和根腐病，有矮化及早实的作用，有黑线病。

7. 奇异核桃　奇异核桃是美国黑核桃与普通核桃的自然杂交种。该树种杂种优势明显，速生性状强，适生范围广，不仅是核桃生产中的重要砧木资源，还是城镇绿化和农田林网化的优良材料。用奇异核桃作核桃砧木，不仅树体生长势强壮，而且树体抗黑线病、根颈朽等病害，对根部寄生线虫也有较大的耐受性，具有很高的经济、生态和社会价值。但奇异核桃为异花授粉，故利用实生苗繁殖面临繁育系数低、核桃苗供给受季节限制性强等问题。

（二）种子的采集与储存

种子质量直接关系到砧木苗的长势。应选择丰产、优质、抗逆性强、生产健壮、无严重病虫害、坚果种仁饱满的盛果期树作为采种母树。采种应在坚果充分成熟后进行。充分成熟的核桃种子，其外部形态特征是青皮由绿变黄并出现裂缝，青皮与坚果（种子）易分离。作为播种用的种子，可在全树核桃青皮开裂率达到 35％以上时采收，或者随着坚果的自然落地，每隔 2～3 天捡拾 1 次。

用作砧木的核桃种子要粒大饱满，每千克 120 粒以下，不进行漂白处理，自然晾晒干，否则影响出苗率。用作秋播的种子不必长时间贮藏，晾晒也不必干透，一般采后 1 个多月即可播种。春播用的核桃种子，应在充分干燥（含水量低于 4％～8％）后，进行干燥贮藏或湿沙层积贮藏。隔年或多年的核桃种子，因丧失生命力而不能作为种用。

核桃种子一般用干燥贮藏。将干燥的种子装入麻袋中，堆放于通风、阴凉、干燥、光线不能直接射入的房内。贮藏期间应经常检查，避免鼠害和霉烂、发热等现象发生。种子数量不多时，可装入布袋内，挂在通风凉爽的室内或棚下贮藏。种子如需过夏，则应密封干藏，即将种子放入双层塑料袋内，并放入干燥剂密封，然后放入温度在 -5～5℃、相对湿度在 60％以下的种子库或贮藏室内。

除室内干藏以外，也可采用室外冬季湿沙贮藏法（即层积处理法），一般于 12 月选择排水良好、背风向阳、无鼠害的地方，挖掘贮藏坑。一般坑深为 0.7～1 米，宽 1～1.5 米，长度依种子多少而定。种子贮藏前应进行选择，即将种子泡在水中，将漂浮于水上、种仁不饱满的种子挑出。种子浸泡 2～3 天后取出并沙藏。先在坑底铺一层湿沙（以手握成团不滴水为度），厚约 10 厘米，放上一层核桃后用湿沙填满核桃间的空隙，厚约 10 厘米，然后再放一层核桃，再填沙，一层层直到距坑口 20 厘米处时，用湿沙覆盖与坑口持平，上面用土培成脊形。同时在贮藏坑四周挖排水沟，以免积水浸入坑内，造成种子霉烂。为保证贮藏坑内空气流通，应于坑的中间（坑长时每隔 2 米）竖一草把，直达坑底。坑上覆土厚度依当地气温高低而定。早春应随时注意检查坑内种子状况，不要使其霉烂。

（三）种子的处理

核桃种子的播种分为秋播和春播。播种季节不同，种子处理也各异。秋播种子不需任何处理，可直接播种；春季播种干种时，播种前都应进行浸种处理，待种子充分吸水后再播种。为了确保发芽，一般主要采用以下处理。

1. 层积沙藏法 核桃楸和野核桃种子的休眠期很长，采集后应进行层积沙藏。层积沙藏的具体方法：选择排水良好、背风遮阴、没有鼠害的地点，挖贮藏沟。一般坑深 0.7～1.0 米，宽 1.0～1.5 米，长度由贮藏量决定。坑底先铺 1 层湿沙，厚约 10 厘米，上铺 1 层核桃，再铺 1 层厚约 10 厘米的湿沙，如此层层向上埋，至坑口 10～20 厘米时，再盖湿沙与地面平，沙上培土成屋脊形。湿沙埋藏的种子，可以带青皮，也可用干种。但干种沙藏时，应先用冷水浸种 2～3 天后埋藏，刚脱去青皮的种子埋藏时可不浸种。湿沙贮藏的种子，出苗整齐，苗势健壮。但湿度掌握不好时，种子易霉烂，应注意勤检查。

2. 冷水浸种法 冷水浸种的具体方法：将种子放在缸（或桶）等容器中，倒入冷水，水量以埋住或超过种子为宜，为防止种子上漂，上边可加一木板再压上石头。浸泡 7～10 天，每天换 1 次水，或将核桃种子装入麻袋放在流水中，待吸水膨胀裂口时，即可播种。

3. 冷浸日晒法 冷浸日晒法是将冷水浸种法与日晒处理结合。将冷水浸泡过的种子置于强烈的阳光下暴晒几小时，待

90％以上的种子裂口时，即可播种。如不裂口的种子占 20％以上时，应把这部分种子拣出再浸泡几天，然后日晒促裂，剩少数不裂口的可人工轻砸种子尖部，然后再播种。

4. 温水浸种法 温水浸种的具体方法：将种子放在 80℃ 温水缸中，用木棍搅拌，自然降至常温后，再浸泡 8～10 天，每天换一次冷水，待种子有部分膨胀裂口后，捞出播种。

5. 开水浸种法 开水浸种的具体方法：当种子未经沙藏而急需播种时，可将干种放入缸内，然后倒入 1.5～2 倍于种子量的沸水，随倒随搅拌，使水面浸没种子，2～3 分钟后，水温不烫手时即加入凉水，浸泡数小时后捞出播种。此法还可同时杀死种子表面的病原菌，多用于中、厚壳核桃种子，薄壳核桃不能用开水浸种。

（四）播种

1. 苗圃地准备 整地是苗木生产的一项重要措施。整地前，每亩施入腐熟有机肥 5 000～8 000 千克和过磷酸钙 50 千克，深翻土壤，深度为 35～40 厘米；按作业方式做畦起垄；用塑料薄膜覆盖 20 天左右，进行高温土壤消毒，做好播种前准备。

2. 播种时期 核桃播种可分为秋播和春播。播种期主要根据当地的气候条件来选择，如当地春季风沙大，而秋季墒情又好，则以秋播为宜。而且，秋播的种子可不必处理。因此，北方地区应以秋播为主，秋播可延长到浇封冻水之前进行。但缺点是：若秋播过早，则气温较高，种子容易霉烂；若秋播过晚，则土壤已冻结。由于有些地方秋播种子易遭受鼠害、兔害，所以，常在春季播种育苗，即在土壤解冻之后 3 月下旬或 4 月初进行。

3. 播种方法 畦床播种，畦面的宽度为 1 米，每畦面点播 2 行，每个畦面内行距 60 厘米，距畦垄 20 厘米；整个苗圃地出现宽窄行，宽行 60 厘米，窄行 40 厘米（图 3-1），株距 20 厘米。

一般均用点播法播种。播种时，可将胚根根尖掐去 1 毫米，促使侧根发育，根尖向下入土，缝合线与地面垂直。播种深度一般以 6～8 厘米为宜，可挖浅沟灌水后再播种，然后覆土。

图 3-1　播种示意图（单位：厘米）

　　垄作播种应先整地做垄，垄宽 50 厘米，高 20 厘米，垄距 50 厘米，株距 20 厘米左右。播种采用点播法。点播时，要注意将种子的合缝线与播种沟平行，露白的一端是将来小苗的根部，播种时此端要向下。播后覆土 5～10 厘米。畦播可浅些，垄作要深些；春播可浅些，秋播宜深些。

　　目前，核桃播种方式为人工播种，但其播种劳动强度大，播种速度慢，导致播种成本高；而核桃播种机，它能够自动播种核桃，节约了劳动力而且播种速度快，省时省力，降低种苗成本。今后应推广核桃机械播种。

（五）苗期管理

　　核桃播种后，全年生长可分为出苗期、幼苗期、速生期、苗木成熟期4个时期。出苗期是从播种至苗木真叶展开，地下出现侧根；幼苗期为真叶展叶至长出2～3片真叶时期，此时地下生侧根，一般到6月；6～8月为速生期，幼苗生长加快；苗木成熟期是从8月下旬至10月下旬，新梢停止生长，落叶休眠。核桃播种以后，经催芽的种子，15～20天开始发芽出土；其他方法处理的种子要3～5周苗木出齐。

幼苗大量出土时，及时检查出苗情况，若出苗不足，要进行补苗。补苗时，可用催芽的种子点播，也可将边行或多余的幼苗带土移栽。过密苗要进行间苗，以使苗木分布均匀，间距适当。

为了促进苗木生长，要加强水肥管理。5～6月是苗木生长的关键时期，追肥以氮肥为主，如尿素，每亩沟施10～15千克。追肥后灌水。灌水量以浇透为标准。要及时清除杂草，防止杂草与小苗争夺营养。同时疏松土壤，更利于小苗生长。

7～8月，是苗木生长的旺盛期，此时雨量较多，灌水应根据情况灵活掌握。在雨水多的地区或季节应注意排水，防止苗木受涝害。施肥应以磷钾肥为主。砧木长到30厘米高时，可通过摘心促进基部增粗。

9～11月一般灌水2～3次，特别是最后一次封冻水，应保证浇透。苗期应注意防治细菌性黑斑病、象鼻虫、金龟子、大青叶蝉等病虫害。

三、嫁接技术

我国是核桃资源大国，优良品种很多，如薄壳香、香玲、岱香和秋香等，但由于嫁接技术不过关，成活率低，限制了良种核桃在生产中的推广应用，核桃良种的生产潜能没有充分发挥。近几年，由于嫁接技术的不断突破，使优良核桃品种能在生产中大面积推广，从而加速了我国核桃的良种化进程。

（一）核桃夏季芽接技术

1. 嫁接方法 采用夏季方块形芽接方法，此方法操作简便，成活率高。要求砧木为当年生新梢。先在砧木上切一长 3～4 厘米、宽 2～3 厘米的方块，将树皮挑起，并在切口左下角或右下角切除 2 毫米的树皮，成为导流口。再在接穗上取下远小于砧木切口的方块形芽片（芽内维管束要保持完好）。然后，迅速镶入砧木切口，留下导流口用塑料薄膜绑紧接口即可。

2. 砧木苗处理 一年生实生砧木苗在原苗圃地不动，3 月发芽前于地面平茬，促发新梢。平茬后注意及早抹除多余萌芽，保留一个旺盛生长的萌芽，每株促发一个新梢。平茬后沟施尿素每亩 20 千克，并及时浇水、除草松土。芽接前如土壤干旱，前 5 天灌水。

3. 接穗培育 一年生品种芽接苗在原苗圃地不动，3 月发芽前于芽接部位以上 5 厘米处重短截，促发新梢。短截后注意及早抹除砧木萌芽，品种萌芽抽枝后，可再短截一次，以剪除抽生的果枝，促使品种隐芽萌发。保留 2～3 个旺盛生长的发育枝，每株促发 2～3 个新梢为接穗。短截后沟施尿素每亩 20 千克，并及时浇水、除草松土。芽接前如土壤干旱，前 3 天灌水。

三至五年生品种幼树也可为芽接采穗树，3 月发芽前于二至三年生枝光滑部位重短截，截留长度为 20 厘米左右，依原树形进行重短截（中更新），剪除所有的一年生枝，促发新梢。短截后注意及早抹除全树萌芽，以促发隐芽第二次萌发。第二次萌发后及时剪除结果枝和过密的生长枝，保留的接穗枝条要分布均匀合理。短截后沟施尿素每株 0.8 千克，并及时浇水、除草松土，叶面施肥 2～3 次。芽接前如土壤干旱，前 3 天灌水。

4. 嫁接时期及接芽选择 山东适宜的芽接时期为 5 月底至 7 月上旬。若芽接过早，则枝嫩取芽困难，且气温低，不易成活；若牙接过晚，则嫁接芽当年不萌发或萌发后生长量小，组织不充实而不易越冬。避免在连阴雨天进行嫁接。

选择新梢旺盛生长中、半木质化以下、生长健壮、无病虫害的当年生发育枝为接穗；无芽座、芽体小、不完全成熟的芽（叶芽或混合芽）为接芽。

5. 嫁接后砧木处理　芽接部位在地面以上 20 厘米左右，芽接部位以上保留 1～2 片复叶去头，芽接部位以下全部复叶去除。

6. 芽接苗的管理

（1）除萌。及时抹除砧木萌芽，芽接 20 天以后接芽才开始萌发抽条，在没有确定接芽完全死亡前，应及时去除砧木萌芽。

（2）回剪与松绑。接芽完全愈合萌发抽生 5～10 厘米长的新梢时，剪除接芽以上的两片复叶，但不能回剪到接芽处，接芽以上保留 1～2 厘米。接芽新梢长 15～20 厘米时，可除去塑料绑条，并回剪到接芽处，以利于嫁接部位的完全愈合及新梢的直立生长。

（3）芽接后的土肥水管理。在没解除塑料绑条且新梢小于 20 厘米时，不能浇水，否则降低嫁接成活率。新梢长 20 厘米以上时，再进行浇水和施肥，前期施氮肥，亩施尿素 20 千克，后期施用氮、磷、钾复合肥，8 月亩施复合肥 50 千克。9 月以后要控肥控水，抑制新梢生长，提高苗木的成熟度。

苗圃地锄草要锄早、锄小、锄了、保持苗圃地无杂草丛生，减少病虫害的发生。

图 3-2　核桃方块芽接示意图

A. 削接芽　B. 接芽　C. 切接口并将接芽放置于接口　D. 绑缚

（二）核桃硬枝嫁接技术

1. 影响核桃硬枝嫁接成活的主要因素　嫁接后能否成活，除亲和力外，还决定于砧木和接穗的形成层间能否相互密接产生愈合组织。待愈合组织形成后，细胞开始分化，愈合组织内各细胞间产生胞间连丝，把彼此的原生质互相连接起来。由于形成层的活动，向内形成新的木质部，向外形成新的韧皮部，把输导组织沟通起来，砧、穗上下营养交流，使暂时破坏的平衡得以恢复，称为一个新的植株。

影响砧穗结合与成活的主要因素是砧木和接穗的亲和力，其次是砧穗质量和嫁接时的接口湿度和技术。砧木和接穗的贮藏养分多少、愈合组织产生的快慢、有无流伤及单宁物质等对接口愈合均有密切关系。

（1）接穗失水率。接穗水分损失是影响核桃愈伤组织形成的主要因素。接穗失水越多，核桃愈伤组织形成量越少；接穗失水率与愈伤组织的生长量呈显著的负相关。核桃接穗失水率超过11.75%，愈伤组织形成的接穗百分率和愈伤组织的生长量显著下降，也不能用于嫁接，该失水率称为核桃愈伤组织形成的接穗失水临界值。

（2）温度。温度也是影响核桃愈伤组织形成的主要因素。温度是影响核桃嫁接成活的主要因素之一。核桃愈伤组织形成的适宜温度范围为 $22\sim27℃$，但温度越高愈伤组织形成的越早。

2. 硬枝接穗的采集和运输

（1）接穗的选择。选接穗前首先应选好采穗母树。采穗母树应为生长健壮、无病虫害的良种树。也可建立专门的采穗圃。接穗的质量直接关系到嫁接成活率的高低，应加强对采穗母树或采穗圃的综合管理。穗条为长 1 米左右、粗 1.5 厘米，生长健壮，发育充实，髓心较小，无病虫害的发育枝或徒长枝。一年生穗条缺乏时，也可用强壮的结果母枝或基部二年生枝段的结果母枝，但成活率较低。

（2）接穗的采集。硬枝接穗从核桃落叶后，直到芽萌动前都可进行采集。各地气候条件不同，采穗的具体时间不一样，北方核桃抽条严重，冬季或早春枝条易受冻害，因此宜在秋末冬初采集接穗。此时采的接穗只要贮藏条件好，防止枝条失水或受冻，均可保证嫁接成活。冬季抽条和冻害轻微的地区或采穗母树为成龄树时，可在春季芽萌动之前采集。此时接穗的水分充足，芽处于即将萌动状态，嫁接成活率高，可随采随用或短期贮藏。

枝接采穗时宜用手剪或高枝剪，忌用镰刀削。剪口要平，不要剪成斜茬。采后将穗条按长短粗细分级，每30～50条一捆，基部对齐，剪去过长、弯曲、不成熟的顶梢、有条件的用蜡封上剪口，最后用标签标明品种。

（3）接穗的贮运。枝接所用接穗最好在气温较低的晚秋或早春运输；高温天气易造成接穗霉烂或失水。严冬运输应注意防冻。接穗运输前，要用塑料薄膜包好密封。长途运输时，塑料包内要放些湿锯末。

接穗就地贮藏过冬时，可在阴暗处挖宽1.2米、深80厘米的沟，长度按接穗的多少而定。然后将标明品种的成捆接穗放入沟内（若放多层）每层中间应加10厘米厚的湿沙或湿土，接穗上盖20厘米左右的湿沙或湿土，土壤结冻后加沙（土）厚至40厘米。当土壤温度升高时，应将接穗移入冷库等温度较低的地方。

3. 硬枝嫁接时期　核桃的嫁接时期，因地区、气候条件和嫁接方法不同而异。一般来说，室外枝接的适宜时期是从砧木发芽至展叶期。北方多在3月下旬至4月下旬；南方则在2～3月。芽接时间：北方地区多在5月至7月中旬，其中以5月下旬至6月中旬最佳；云南则在2～3月。

4. 嫁接方法

（1）插皮舌接。在适当位置剪断砧木，削平锯口，然后，选砧木光滑处由上至下削去老皮，长6～8厘米；将接穗削成长5～7厘米的大削面，刀口一开始就向下切凹，并超过髓心，而后斜削，保证整个斜面较薄；用手指捏开削面背后皮层，使之与木质部分离，然后将接穗的皮层盖在砧木皮层的削面上，最后用塑料绳绑紧接口。此法应在皮层容易剥离、伤流较少时进行。注意接前不要灌水，接前3～5天预先锯断砧木放水。

（2）舌接。此法主要用于苗木嫁接。选择根径1～2厘米的一至二年生实生苗，在根以上10厘米左右处剪断，然后选择与之粗细相当的接穗，剪成12～14厘米长的小段。将砧、穗各削成3～5厘米长的光滑斜面，在削面由上往下1/3处用嫁接刀纵切，深达2～3厘米，然后将砧、穗立即插合，双方削面要紧密镶嵌，并用塑料绳绑紧（图3-3）。

图3-3　核桃舌接示意图

A. 削接穗和砧木　B. 接合　C. 绑缚

（3）插皮接。先剪断砧木，削平锯口，在砧木光滑处，由上向下垂直划一刀，深达木质部，长约 1.5 厘米，用刀尖顺刀口向左右挑开皮层。先将接穗一侧削成一大削面（开始时下削，并超过中心髓部，然后斜削），长 6～8 厘米；然后将大削面背面 0.5～1 厘米处往下的皮层全部切除，稍露出木质部。插接穗时要在砧木上纵切，深达木质部，将接穗顺刀口插入，接穗内侧露白 0.7 厘米左右，使二者皮部相接，然后用塑料布包扎好。

5. 硬枝接技术关键 接穗削面长度宜大于 5 厘米，并且要光滑。接穗插入砧木接口时，必须使砧、穗的形成层相互对准密接。蜡封接穗接口要用塑料薄膜包扎严密，绑缚松紧适度；对未蜡封的接穗可用聚乙烯醇胶液（聚乙烯醇：水＝1：10，加热熔解而成）涂刷接穗以防失水。

6. 砧木选择与处理 选择砧木应根据不同栽培区域的生态条件和当地生产情况，确定合适的砧木类型。砧木苗应为一至二年生，径在 2.0 厘米以上。控制伤流的方法如下。

①砧苗断根放水，用铁锹在主根 20 厘米处截断，降低根压，减少伤流。

②刻伤放水，在砧木苗干基部用刀刻伤口深达木质部放水。

③室内枝接。核桃室内枝接是利用出圃的实生苗作砧木，在室内进行嫁接的方法，能有效地避免伤流液对嫁接成活的不良影响。选用一至二年生，基部粗度 2 厘米以上实生苗作为砧木，起苗后运到室内嫁接，在根颈以上 10～12 厘米平滑顺直处剪断，对起苗损伤的根系稍加修剪，要求当天砧木当日必须接完，做到有苗而不积压。坚持随嫁接随定植的原则，采用双行三角形方法定植在塑料大棚内已开好沟、上足肥的定植沟内，株距 15～20 厘米，行距 30～35 厘米，覆土后要浇透水，水渗后用细土盖填裂缝。

7. 枝接苗的接后管理

（1）除砧苗萌芽。嫁接后的砧木上容易萌发大量萌蘖，应及时抹除接芽之外的其他萌芽，以免与接穗和接芽争夺养分，影响接穗和接芽生长。核桃枝接一般需要除萌蘖 2～3 次，芽接一般需要除萌蘖 1～2 次。嫁接未成活的植株，可选留一条生长健壮的萌蘖，为下次嫁接做准备。

（2）立支柱绑缚嫁接苗，以防风折。一般解绑绳与立支柱同时进行。室外枝接的苗木，因砧木未经移栽，生长量较大，可在新梢长到 30 厘米以上时及时解除绑缚物。

接芽萌发后生长迅速，枝嫩复叶多，易遭风折。可在新梢长到 20 厘米时，在旁插一木棍，用绳将新梢和支棍绑结，起固定新梢和防止风折的作用。

（3）肥水管理。嫁接苗成活之前一般不进行施肥和灌水。嫁接大约 30 天后，新梢可长到 10 厘米左右，这时，应加强水肥管理。可将追肥、灌水与松土除草结合起来进行。前期应以氮肥为主，后期增施磷钾肥，以免造成后期旺长。也可在 8 月下旬至 9 月上旬对苗木进行摘心，促进枝条充实，防止冬季抽条。

（4）病虫害防治。核桃嫁接期间的虫害主要有黄刺蛾和棉铃虫，以高效氯氰菊酯等杀虫剂为主。后期容易感染细菌性黑斑病，要在 7 月下旬每隔 15 天喷 1 次农用链霉素或其他细菌性病害杀菌剂，共喷 3～4 次。9 月下旬至 10 月上旬，要及时防治大青叶蝉在枝条上产卵。

（三）核桃硬枝生根无性繁殖技术

1. 苗床的准备　
苗床用于生根材料平栽、平埋，由苗根系床和生根床组成，两床之间在嫁接苗的嫁接口处或实生苗的根颈处用带 U 形口的塑料板隔开。苗根系床宽 50 厘米，深 50 厘米。苗根系基质由优质土壤、腐熟好的农家肥和珍珠岩按 3∶1∶1

混合组成。生根床深25厘米，宽度根据苗木嫁接口以上枝条的长度而定。生根基质为过筛的干净的河沙，或草炭土，或过筛的干净的河沙与田园土按4：1混合组成。生根基质喷施80％的多菌灵可湿性粉剂800倍液杀菌消毒，以防病菌的滋生（图3-4）。

图3-4　苗床示意图

2. 生根材料处理　苗木的标准为：芽饱满，枝条完全木质化、粗壮、根系发达、无病虫害。土壤解冻至苗木萌动前，挖出生根材料，剪除烂根，短截过长根及断根，并将苗木冲洗干净，喷施80％的多菌灵可湿性粉剂800倍液，杀菌消毒。

3. 生根材料上床平栽、平埋 3月上旬（苗木萌动前），把苗木根系平栽在苗根系床内；嫁接苗嫁接口、实生苗根茎以上的枝条平放在生根床内，平埋到生根床上。塑料隔板 U 形口卡在嫁接口或根茎上，以分开苗根系床和生根床。相邻苗间隔 20～30 厘米。用苗根系床基质填埋苗木根系，踏实后高出根系 20 厘米，浇透水；生根床基质填埋生根床，厚 20 厘米左右，浇透水，覆盖草帘保湿。

4. 平埋后的管理和生根剂处理 苗木根系床要保持良好的墒情，及时浇水、施肥和除草。生根床每周喷 1 次水，保持其一定的湿度而不干燥。平埋后 15～20 天，苗木干上萌生嫩枝（图 3-5），及时去除嫁接口以下（苗根系床内）的嫩枝。一般平埋 20～30 天后，每个新梢长出 3～4 对复叶时，第一次沿新梢基部浇施浓度为 70 毫克/千克的 ABT 1 号生根粉溶液（图 3-6）。此后，间隔 30 天浇施 1 次，共浇施 3 次。

图 3-5　生根材料平栽硬枝侧芽萌发

图 3-6　ABT 1 号生根粉处理生根材料硬枝生根效果
A. 香玲　B. 黑核桃后代　C. 鲁核 1 号　D. 野核桃后代

四、苗木出圃

（一）起苗

1. 起苗前准备　起苗前，必须对所培育的嫁接苗的数量和质量进行抽样调查。根据调查结果制订起苗计划。核桃是深根性树种，主根发达，起苗时根系容易受损，且受伤后愈合能力差。因此，保护好核桃苗根系对移栽成活率影响很大。为减轻根系损伤并使起苗容易，应在起苗前 1 周灌 1 次透水，使苗木吸足水分。

2. 起苗方法 由于我国北方核桃幼苗在圃内具有严重的越冬抽条形象，所以起苗时间多在秋季落叶后至土壤封冻前进行。对于较大的苗木或抽条较轻的地区，也可在春季土壤解冻后至萌芽前进行。核桃起苗方法有人工和机械起苗两种。机械起苗用拖拉机牵引起苗犁进行。人工起苗要从苗旁开沟、深挖，防止断根较多。挖出的苗木不能及时运走或栽植时必须临时假植。对少量的苗木也可带土起苗，并包扎好。要避免在大风或下雨天起苗。

（二）苗木分级与假植

1. 苗木分级 苗木分级是保证出圃苗木的质量，提高建园栽植成活率和整齐度的重要工作。核桃苗木分级应根据类型而定。对于嫁接苗，要求品种纯正，砧木正确；地上部枝条健壮、充实，具有一定的高度和粗度，芽体饱满，根系发达，须根多，断根少；无检疫对象、无严重病虫害和机械损伤；嫁接部位愈合良好。在此基础上，根据嫁接口以上的高度和接口以上 5 厘米处的直径将核桃嫁接苗分为六级。

表 3-2　核桃嫁接苗分级标准

苗木等级	苗高（米）	直径（厘米）
特级苗	＞1.2	≥1.2
一级苗	0.81～1.2	≥1.0
二级苗	0.61～0.80	≥1.0
三级苗	0.41～0.60	≥0.8

（续）

苗木等级	苗高（米）	直径（厘米）
四级苗	0.21～0.40	≥0.8
五级苗	<0.21	≥0.7
等外苗	其他为等外苗	

2. 苗木假植　起苗后不能及时外运或栽植的苗木必须进行假植。假植分为短期假植和长期假植（越冬假植）。假植地点应选择地势较高、排水好、较干燥的沙性壤土地块。短期假植一般不超过 10 天，可开浅沟，用湿土将根系埋严即可，干燥时及时洒水。长期假植时，应选择地势平坦、避风、排水良好、交通方便的地块挖假植沟。沟深 1 米、宽 2 米，长度依苗木数量而定。沟的方向应与主风向垂直，沟底要铲平。在沟的一端堆起 30°左右的土坡，在坡底挖出宽 20～30 厘米、深 15 厘米的凹沟。将树苗的根部放在凹沟内，平放一层，互不叠压，在根部均匀撒土盖严，埋根露梢。再向后退 50 厘米挖同样的凹沟，同样放好树苗，依次类推，排放埋土。最后给整个假植沟盖土，土层厚 20 厘米左右。为了预防苗木受冻，冬季寒冷时，可以将土层加厚。这样，苗木就可以安全过冬了。

（三）苗木检疫

为确保核桃苗木质量，保证核桃生产可持续发展，核桃苗木检疫工作是一项重点工作。根据中华人民共和国农业部 2006 年 3 月公布的《全国农业植物检疫性有害性生物名单》，其中与果树有关的昆虫 10 种、线虫 1 种、真菌 2 种、细菌 2 种、病毒 1 种。目前，因直接危害核桃而被专门列为检疫对象的病虫害还没有。

（四）苗木包装与运输

核桃苗木要分品种和等级进行包装。包装前应将过长的根系和枝条进行适当修剪。一般 20～50 株捆成一捆，挂好标签，将根系蘸泥浆保湿。然后用塑料薄膜等包好，将吸饱水分的卫生纸团、锯末等塞于苗木根部缝隙间，排出空气、扎塑料袋口及编织袋口，包装外再贴标签，标明品种、等级、苗龄、数量和起苗日期等。

　　苗木外运最好在晚秋或早春气温较低时进行。长途运输要加盖苫布，并及时喷水，防止苗木干燥、发热和发霉，冬季运输应注意防冻，到达目的地后立即进行假植。

第四章
核桃种类及主要优良品种

一、核桃种类

核桃科在中国有 7 属 27 种，其中核桃属（*Juglans*）、山核桃属（*Carya*）和喙核桃属（*Annamocarya*）中部分种的坚果具有食用价值。核桃属植物在分类上属于被子植物门双子叶植物纲胡桃科。它在世界上的分布很广，在欧洲、亚洲、南美洲、北美洲、大洋洲的 40 多个国家都有不同程度的种植。《中国核桃种质资源》（2011）一书中记述我国现有核桃属植物有 3 组 9 种，即：

核桃组：核桃（*J. regia* L.）

泡核桃（*J. sigillata* Dode）

核桃楸组：核桃楸（*J. mndshuricaa* Max）

河北核桃（*J. hoperiensis* Hu）

野核桃（*J. cathayensis* Dode）

心形核桃（姬核桃）（*J. cordiformis* Max.）

吉宝核桃（鬼核桃）（*J. sieboldiana* Max.）

黑核桃组：黑核桃（*J. nigra* L.）

北加州黑核桃（函兹核桃）（*J. hindsii* Rehd）

二、优良品种的选择标准

在我国核桃生产中，大部分核桃为实生繁殖。后代分离广泛，果实良莠不齐，多数果壳较厚、出仁率低、取仁较难，产量、品质差异很大，缺乏市场竞争力。这也是造成我国核桃出口量和出口价格较低的主要原因。良种是建园的基础，也是丰产稳产的保证。因此，建园品种的选择是核桃生产的关键。目前，通过国家级和省级鉴定的核桃品种 100 余个，但不一定都适合当地种植。选择品种前应对当地气候、土壤、降水量等自然条件和待选核桃品种的生长习性等进行全面的调查研究。在确定品种上，应重点考虑以下几个方面。

（一）充分考虑良种的生态适应性

品种的生态适应性是指经过引种驯化栽培后，品种完全适应当地气候环境，园艺性状和经济特性等符合当地推广要求。因此，一定要选择经过省级以上鉴定的且在本地引种试验中表现良好、适宜在本地推广的品种。确定品种前，应该先咨询专家，查阅引种报告，实地考察当地品种示范园。如以上信息均没有，也可以先少量引种栽植观察该品种是否适宜本地栽培，切勿盲目大量栽植。一般来讲，北方品种引种到南方能正常生长，南方品种引种到北方则需要慎重，必须经过严格的区域试验。

（二）适地适品种选择主栽品种

优良品种是核桃生产发展的基础。经过多年努力，我国已选出了一批优良品种，如薄壳香、香玲等，但这些品种大多是从新疆核桃实生后代中选出的，也存在不同程度的问题。例如，新疆核桃具有早实丰产性，但也普遍存在抗病性较差的问题，尤其是果实成熟期的炭疽病、黑斑病及树势衰弱后的枝枯病等危害较重；华北核桃具有晚实、内种皮颜色较深等不足。一定要根据当地的土壤、气候、灌溉等条件结合品种特性来决定主栽品种。

选择主栽品种时一定要注意适地适树。目前，通过国家级、省级鉴定的核桃品种从结果时间上分为早实品种和晚实品种。早实品种一般结果较早，嫁接后 2～3 年内开始结果，早期产量高，适于矮化密植，但是有的早实品种抗病性、抗逆性较差，适宜肥水条件好、管理良好的平原栽培。晚实品种早期丰产性相对较差，嫁接后 3～5 年才开始结果，但是树势健壮，丰产期长，抗病性、抗逆性相对较强，可在立地条件较差、管理粗放的山地、丘陵地区栽植。

（三）选择雌雄花期一致的授粉品种

每个核桃园都应该根据各个品种的主要特性、当地的立地条件和管理水平，选择 1～2 个主栽品种。品种不宜过多，以免管理不便，提高生产成本。核桃系风媒花。花粉传播的距离与风速、地势等关，在一定距离内，花粉的散布量随风速增加而加大，但随距离的增加而减少。一定要选择 1～2 个雌雄花期一致的授粉品种，按（5～8）：1 的比例，呈带状或交叉状种植。

三、早实核桃优良品种的标准

优良品种应在丰产、优质的基础上，能降低管理成本，适应生产和消费的需要，如抗性（病、虫、寒、土壤盐碱、瘠薄等）好，核仁品质（耐贮性、蛋白质含量、脂肪含量、矿质营养、风味等）优良，材质好等，收获更好的效益。早实核桃优良品种是由其生物学特性决定的。

（一）幼龄期短，开始结果较早

对于多年生果树来说，缩短幼龄期是提高经济效益的重要方面之一。我国各地从前栽培的核桃大多为晚实核桃，通常 8～10 年开始结果。从 20 世纪 50 年代开始，在各地进行果树资源调查，选择结果早的资源。首先，在陕西扶风发现隔年核桃，即播种后第二年开始结果，后来，又在新疆发现早实核桃。从 60 年代开始，各地相继开始引种和栽培早实核桃。由于早实核桃结果早、经济效益快且产量高，因此，各地科研人员以结果早的核桃作为优良品种的重要特性进行选种育种，已选育出具早实性状的品种十几个。

（二）分枝力强

分枝力是不断扩大树冠和增加产量的基础。早实核桃的早期大量分枝是区别于晚实核桃的主要生物学特性之一。早实核桃从第二年就开始分枝，其发枝率 30％～43％，单株分枝量最多达 18 个；二年生晚实核桃分枝率只有 6.5％，其余只有顶芽抽生 1 个延长枝。四年生早实核桃平均分枝数 32 个左右，最多的达 95 个；而晚实核桃平均分枝 6 个左右，最多 9 个。

二次分枝是早实核桃区别于晚实核桃的又一特性。所谓二次分枝是指春季一次枝生长封顶以后，由近顶部 1～3 个芽再次抽生新枝；而晚实核桃一年只抽生一次枝。

（三）坚果经济性状好

经济性状主要指坚果的品质和产量。坚果品质是衡量核桃品种优劣的主要条件之一。坚果品质由许多性状构成，通常包括：坚果大小、形状、外部特征、壳皮厚薄、取仁难易、种仁饱满度、出仁率、种仁风味、内种皮颜色、脉络、核仁含油量、耐贮运程度等。

坚果果型端正，中等大小，壳面光滑、色泽浅亮为优良。当带壳销售时，缝合线紧而平，耐漂洗也是优点之一。仁用品种的核壳厚度以及内褶壁质地也是影响品质的方面。优良品种的壳厚应在 1.3 毫米左右，内隔膜延伸较窄且为纸质，内褶壁不发达或退化。核仁充实、饱满、乳黄或浅琥珀色。出仁率 50%～60% 为宜，出仁率过高，往往壳薄或核仁过于充实，紧贴核壳，易砸碎核仁。因此，核仁与壳之间应有一定空隙，这在机械加工取仁时尤为重要。

根据国内外研究资料，实生繁殖的后代，其坚果大小、壳皮颜色及形状等方面变化明显而不稳定；但是，坚果皮的厚薄和出仁率及取仁难易等方面则是相对稳定的。中国林业科学院林业研究所研究认为，核桃在自然授粉的实生后代中，大部分优良品种能保持母树的坚果皮厚度、取仁难易的性状，单坚果大小、坚果重量却表现较大变异，这种变异与遗传因素、环境条件、栽培管理、结实量多少及采种部位等都有很大联系。

坚果产量的高低，除受立地条件和栽培管理技术的制约外，不同品种产量往往差异较大。根据辽宁经济林研究所的调查材料，在相同条件下栽培的七年生不同品种早实核桃产量可差约 2 倍。这种差异是由核桃品种的内在因素，即生长与开花结实特性决定的，受遗传性所制约。核桃坚果产量的构成因素，主要包括结果母枝数、侧生果枝率、坐果率、坚果单果重等。具有丰产特性的品种，结果母枝上混合芽数量多，发芽率也高。特别是侧生花芽率高是重要的丰产性状。

（四）适应性好

耐寒性是指核桃品种在生命周期和年周期中，适应或抵御 0℃ 以下低温和早春晚霜的能力。有的品种春季开花较早，常受晚霜危害而造成大量减产；而有的开花较晚，能够避开晚霜危害。有的品种当气温降到 −2℃ 以下即发生冻害，而有的能在 −25℃，甚至 −30℃ 的低温条件下能安全越冬。

抗风性是指核桃品种抵御大风的能力。大风可以造成核桃果实大量脱落，特别是果实开始硬核以后，有的品种遇到 8 级以上的大风，常造成大量果实脱落；而有的品种遇到 11 级以上的风也很少果实脱落。果实大、果柄长的品种落果严重；果实较小而且果柄较短的品种落果少，甚至不落果，抗风能力强。

抗病性是指核桃品种对主要核桃病害的免疫力。我国各地发生严重的病害主要是细菌性黑斑病和炭疽病，常造成果实的大量霉烂而减产甚至绝收。因此，选择优良品种，抗病性是很重要的。

四、核桃品种

（一）早实品种

播种后二至三年生开始开花结果的核桃树称为早实核桃。早实核桃比晚实核桃根系发达。幼龄树更为明显，一年生早实核桃比晚实核桃根系总数多 1.9 倍，根系总长度多 1.8 倍。

早实核桃产生侧枝较早，一年生植株可有 10％产生侧枝；晚实核桃一般二至三年生才分生侧枝。早实核桃分枝力强，从第二年就开始分枝，其发枝率在 30％～43％，单株分枝量最多达 18 个；二年生晚实核桃分枝率只有 6.5％，其余只有顶芽抽生 1 个延长枝。二次分枝是早实核桃区别于晚实核桃的又一特性。所谓二次分枝是指春季一次枝生长封顶以后，由近顶部 1～3 个芽再次抽生新枝；而晚实核桃一年只抽生一次枝。

早实核桃的侧芽多为混合芽，高达 90％以上，甚至基部潜伏芽也能萌发出混合芽来开花结果。而晚实核桃的混合芽着生于结果母枝顶端及以下 1～3 节。早实核桃具有二次开花结果的特性，二次花一般呈穗状花序。二次花序有的雌雄同序，基部着生雌花，上部为雄花；有的为单性花；也有的雌雄同花，呈过渡状态，也有的全序皆为两性花，中间为雌花，柱头较细弱，外围着生几对花药。二次花结果多呈串状，果形较小，开花早的可成熟具有发芽力。

1. 香铃　山东省果树研究所以上宋 6 号×阿克苏 9 号为亲本杂交育成的早实核桃品种，1989 年定名。

树势较强，树姿较直立，分枝力较强，树冠呈半圆形。嫁接后第二年开始形成混合芽，坐果率 60％左右。坚果近圆形，果基平圆，果顶微尖，单果重 12 克左右。壳面光滑，缝合线窄而平，结合紧密，外形美观。壳厚 0.8～1.1 毫米，内褶壁退化，横隔膜膜质，核仁充实饱满，易取整仁，出仁率 63％左右。

在山东泰安地区 3 月下旬萌发，4 月 10 日左右为雄花期，4 月 20 日左右为雌花期，雄先型。8 月下旬坚果成熟，11 月上旬落叶。

该品种适应性较强，较抗寒，耐旱，抗病性较差。具有早期丰产特性，盛果期产量较高，大小年不明显。适宜在土层深厚的山地、丘陵地区和平原林粮间作栽培种植。目前，在我国北至辽宁，南至贵州、云南，西起西藏、新疆，东至山东等地都有大面积栽培。

2. 岱丰　山东省果树研究所从早实核桃丰辉实生后代中选出，2012 年通过国家林木品种审定委员会审定。

树势较强，树姿直立，树冠呈圆头形。嫁接苗定植后，第一年开花，第二年结果，坐果率 70％。坚果长椭圆形，基部圆，果顶微尖，单果重 13～15 克。壳面较光滑，缝合线紧密，稍凸。壳厚 0.9～1.1 毫米，内褶壁膜质，纵隔不发达，核仁饱满，易取整仁，出仁率 55％～60％。

在山东泰安地区 3 月下旬萌发，4 月上旬为雄花期，4 月中旬雄花开放，4 月下旬雌花开放，雄先型。9 月上旬坚果成熟。11 月上旬落叶。其雌花期与鲁果 3 号等雌先型品种的雄花期基本一致，可作为授粉品种。

该品种在山东、山西、河北、湖北、北京等地有栽培。

3. 岱辉　山东省果树研究所实生选育而得，2004 年通过山东省林木良种审定委员会审定。

树姿开张，树冠密集紧凑，圆形，分枝力强。嫁接苗定植后，第一年开花，第二年开始结果，坐果率77%，多双果和三果。坚果圆形，单果重11.6～14.2克。壳面较光滑，缝合线紧而平。壳厚0.8～1.1毫米，核仁饱满，可取整仁，出仁率58.5%。

在山东泰安地区3月中旬萌动，3月下旬发芽，4月10日左右为雄花期，4月中旬雌花开放，雄先型。9月上旬坚果成熟。11月中下旬落叶。

该品种在山东、山西、河北、河南等地有栽培。

4. 岱香 山东省果树研究所以辽宁1号×香玲为亲本杂交育成，2012年通过国家林木良种审定委员会审定。

矮化紧凑型品种，树姿开张，树冠圆形。嫁接苗定植后，第一年开花，第二年开始结果，坐果率70%，多双果和三果。坚果圆形，浅黄色，果基圆，果顶微尖，单果重13～15.6克。壳面较光滑，缝合线紧，粗而稍凸。壳厚0.9～1.2毫米，核仁饱满，易取整仁，出仁率55%～60%。

在山东泰安地区3月下旬发芽，4月中旬雄花开放，4月下旬为雌花期，雄先型。9月上旬坚果成熟。11月上旬落叶。其雌花期与辽宁5号、鲁果6号等雌先型品种的雄花期基本一致，可互为授粉品种。

目前，该品种在山东、四川、河北、河南等地有栽培。

5. 秋香 山东省果树研究所以泰勒为母本杂交育成，2004年定为优株，2015年通过山东省林木品种审定委员会审定。

树姿直立，生长势强。树干灰白色，光滑，有浅纵裂。当年生新枝绿褐色，光滑，粗壮。侧花芽率75.0%以上，多双果和三果，坐果率85.0%以上。坚果平均单果重13.0克，壳面较光滑，有网络状沟纹，缝合线紧、平，壳厚1.0毫米，易取整仁，出仁率53%。

萌芽晚,在泰安地区一般3月底萌动,4月10号左右萌芽,雌花期4月20号左右,比香玲晚两周,可有效避开晚霜危害。果实9月上旬成熟。

6. 硕香　山东省果树研究所从早实核桃实生苗中选出,2015年通过山东省林木品种审定委员会审定。

树势中庸,树姿较开张,分枝力强,树冠呈半圆形。坐果率80%左右,侧生混合芽比率75%以上,多双果和三果。坚果椭圆形,果基平圆,果顶平圆,果肩微凸。单果重12~14克。壳面刻沟浅,较光滑,缝合线平,结合紧密。壳厚1.1~1.3毫米,内褶壁退化,横隔膜膜质,核仁充实饱满,可取整仁,出仁率55%~59%。该品种丰产、稳定性强。

在山东泰安地区3月下旬萌发,4月中旬为雄花期,4月下旬为雌花期,雄先型。8月下旬坚果成熟。

7. 玉香　山东省果树研究所从早实核桃实生苗中选出,1998年播种,2004年确定为优株,入选高接选种圃,编号为N8-20。2008开始,先后在肥城、泰安、昌邑等地进行了区试试验和品种对比试验。2015年通过山东省林业厅组织的专家验收。

树势强健,枝条粗壮,树姿较开张。树干灰白色,光滑,有浅纵裂。当年生新梢绿色,光滑,粗壮。顶叶椭圆形,大型,深绿色。小叶长椭圆形,深绿色,具短柄,尖端渐尖,基部扁圆形、肥大,脱落后叶痕大,呈三角形。混合芽圆形,较大、芽尖绿褐色。混合芽多着生2~3朵雌花,雌花柱头绿黄色。顶芽肥大,阔三角形,侧芽小而圆。雄花为裸芽,圆柱形,呈鳞片状。嫁接苗定植后当年开花,第二年结果,高接树第二年结果。母枝分枝力强,坐果率78.7%,侧花芽率75.4%,多双果和三果,丰产潜力大,稳产性强。青果圆形,纵径4.57厘米,横径4.26厘米,青果皮厚4.5毫米。坚果圆形,单果重11.8克,壳面较光滑,缝合线平,结合紧密,壳厚1.1~1.2毫米,可取整仁,出仁率59.9%,蛋白质含量23.2%,脂肪含量64.0%,综合品质优良。

在泰安地区，3 月下旬发芽，4 月初展叶，4 月中旬雄花开放，4 月下旬雌花开放，雄先型。8 月下旬果实成熟，果实发育期在 125 天左右。11 月上旬落叶，植株生长期在 210 天左右。

8. 鲁光　山东省果树研究所以新疆卡卡孜×上宋 6 号为亲本杂交育成的早实核桃品种，1989 年定名。

树势中庸，树姿开张，分枝力较强，树冠呈半圆形。嫁接后第二年开始形成混合芽，以长果枝结果为主，坐果率 65% 左右。坚果长圆形，果基圆，果顶微尖，单果重 15～17 克。壳面光滑，缝合线窄而平，结合紧密，外形美观。壳厚 0.8～1.0 毫米，内褶壁退化，横隔膜膜质，核仁充实饱满，易取整仁，出仁率 59% 左右。

在山东泰安地区 4 月 10 日左右为雄花期，4 月 18 日左右为雌花期，雄先型。8 月下旬坚果成熟，10 月下旬落叶。

该品种不耐干旱，早期生长势较强，产量中等，盛果期产量较高。适宜在土层深厚的山地、丘陵地区栽培种植。主要在山东、河南、河北、山西和陕西等地有一定栽培面积。

9. 鲁丰　山东省果树研究所杂交育成，1985 年选出，1989 年定为优系。

树势中庸，树姿直立，分枝力较强，树冠呈半圆形。坐果率 80% 左右。坚果椭圆形，单果重 10～12 克。壳面多浅沟，不光滑，缝合线窄，稍隆起，结合紧密。壳厚 1.0～1.2 毫米，内褶壁退化，横隔膜膜质，核仁充实饱满，可取整仁，出仁率 58%～62%。

在山东泰安地区 3 月下旬萌发，4 月 8 日左右为雌花期，4 月 15 日左右为雄花期，雌先型。8 月下旬坚果成熟，11 月下旬落叶。

该品种抗病中等，丰产性强，坚果品质优良。适宜在土层深厚的立地条件下栽培种植。已在山东、山西等地有栽培。

10. 鲁果 1 号　山东省果树研究所从新疆核桃实生苗中选出，1988 年定为优系。

树势中庸，树姿较直立，分枝力中等，树冠呈半圆形。坐果率 80％左右。坚果椭圆形，果基平圆，果顶平圆，果肩微凸。单果重 12～14 克。壳面刻沟浅，较光滑，缝合线平，结合紧密。壳厚 1.1～1.3 毫米，内褶壁退化，横隔膜膜质，核仁充实饱满，可取整仁，出仁率 55％～59％。该品种抗病性较差。

在山东泰安地区 3 月下旬萌发，4 月中旬为雄花期，4 月下旬为雌花期，雄先型。8 月下旬坚果成熟。

11. 鲁果 2 号　山东省果树研究所从新疆早实核桃实生后代中选出，2012 年通过国家林木良种审定委员会审定。

树姿较直立，母枝分枝力强，树冠呈圆锥形。嫁接苗定植后第二年开花，第三年结果，坐果率 68％，多双果和三果。坚果圆柱形，基部一侧微隆，另一侧平圆，果顶圆形，单果重 14～16 克。壳面较光滑，有浅刻纹，淡黄色，缝合线平，结合紧密。壳厚 0.8～1.0 毫米，内褶壁退化，横隔膜膜质，核仁充实饱满，易取整仁，出仁率 56％～60％。

在山东泰安地区 3 月下旬萌发，4 月上旬为雄花期，4 月 10 日左右为雄花盛期，4 月中旬雌花开放，雄先型。8 月下旬坚果成熟。

该品种在山东、河南、河北、湖北等地有一定栽培面积。

12. 鲁果 3 号　山东省果树研究所从新疆早实核桃实生后代中选出，2007 年通过山东省林木良种审定委员会审定。

树势较强，树姿开张，树冠呈圆形。嫁接苗定植后第一年开花，第二年结果，坐果率 70％。坚果近圆形，基部圆形，果顶平圆，单果重 11～12.8 克。壳面较光滑，浅黄色，缝合线两侧具刻窝，缝合线结合紧密。壳厚 0.9～1.1 毫米，内褶壁膜质，纵隔膜不发达，核仁充实饱满，易取整仁，出仁率 58％～65％。

在山东泰安地区 3 月下旬萌发，4 月中旬雌花开放，4 月下旬为雄花期，雌先型。9月上旬坚果成熟，11月上旬落叶。

该品种在山东、河南、河北、山西等地有一定栽培面积。

13. 鲁果 4 号　山东省果树研究所实生选出的大果型核桃品种，2007年通过山东省林木良种审定委员会审定。

树姿较直立，树冠长圆头形。嫁接苗定植后第一年开花，坐果率70％，多双果和三果。坚果长圆形，果基、果顶均平圆，单果重16.5～23.2克。壳面较光滑，缝合线紧密，稍凸，不易开裂。壳厚1.0～1.2毫米，内褶壁膜质，纵隔膜不发达，核仁饱满，可取整仁，出仁率52％～56％。综合坚果品质上等。

在山东泰安地区3月下旬萌发，4月中旬雄花开放，4月下旬为雌花期，雄先型。9月上旬坚果成熟，11月上旬落叶。

该品种在山东、河南、河北、北京等地有一定栽培面积。

14. 鲁果 5 号　山东省果树研究所实生选出的大果型核桃品种，2007年通过山东省林木良种审定委员会审定。

树势强，树姿开张，树冠呈圆头形。嫁接苗定植后第一年开花，第二年开始结果，坐果率87％，多双果和三果。坚果长卵圆形，果基平圆，果顶尖圆，单果重16.7～23.5克。壳面较光滑，缝合线紧平。壳厚0.9～1.1毫米，内褶壁退化，横隔膜膜质，核仁饱满，可取整仁，出仁率55.36％。综合坚果品质上等。

在山东泰安地区3月下旬萌发，4月中旬雄花开放，4月下旬为雌花期，雄先型。9月上旬坚果成熟，11月上旬落叶。其雌花期与鲁丰等雌先型品种的雄花期基本一致，可作为授粉品种。

该品种在山东、山西、河南、河北、四川等地有一定栽培面积。

15. 鲁果 6 号　山东省果树研究所从新疆早实核桃实生后代中选出的核桃品种，2009年通过山东省林木良种审定委员会审定。

树势中庸，树姿较开张，树冠呈圆形，分枝力较强。嫁接后第二年形成混合花芽，坐果率 60％，多双果和三果。坚果长圆形，果基尖圆，果顶圆微尖，单果重 14.4 克。壳面刻沟浅，光滑美观，浅黄色，缝合线窄而平，结合紧密。壳厚 1.2 毫米左右，内褶壁退化，横隔膜膜质，核仁充实饱满，易取整仁，出仁率 55.36％。

在山东泰安地区 3 月下旬萌发，4 月 7 日左右为雌花期，4 月 13 日左右为雄花开放，雌先型。8 月下旬坚果成熟，11 月上旬落叶。

该品种适宜于土层肥沃的地区栽培，目前，在山东泰安、济南、临沂等地区有小面积栽培。

16. 鲁果 7 号　山东省果树研究所以香玲×华北晚实核桃优株为亲本杂交育成的早实核桃品种，2009 年通过山东省林木良种审定委员会审定。

树势较强，树姿较直立，树冠呈半圆形，分枝力较强。坐果率 70％。坚果圆形，果基、果顶均圆，单果重 13.2 克。壳面较光滑，缝合线平，结合紧密，不易开裂。壳厚 0.9～1.1 毫米，内褶壁膜质，纵隔不发达，核仁饱满，易取整仁，出仁率 56.9％。

在山东泰安地区 3 月下旬萌发，4 月中旬雄花、雌花均开放，雌雄花期极为相近，但为雄先型。9 月上旬坚果成熟，11 月上旬落叶。

该品种适宜于土层肥沃的地区栽培，目前，在我国部分核桃栽培地区有引种栽培。

17. 鲁果 8 号　山东省果树研究所从岱香实生后代中选出，2009 年通过山东省林木良种审定委员会审定。

树姿较直立，树冠长圆形。嫁接苗定植后，第一年开花，第二年开始结果，坐果率 70％，多双果。坚果近圆形，单果重 12.6 克。壳面较光滑，缝合线紧密，窄而稍凸，不易开裂。壳厚 1.0 毫米，内褶壁膜质，纵隔不发达，核仁饱满，可取整仁，出仁率 55.1%。

在山东泰安地区 3 月底萌发，4 月中旬雄花开放，4 月下旬雌花开放，雄先型。在开花结果期间，由于其发育期相对较晚，较少遭遇晚霜危害。9 月上旬坚果成熟，11 月上旬落叶。目前，在山东及附近地区核桃栽培区有引种栽培。

18. 鲁果 9 号 山东省果树研究所从早实核桃实生后代中选出，2012 年定名。2012 年通过山东省林木品种审定委员会审定。

坚果锥形，果顶尖圆，果基圆，壳面光滑，缝合线紧、平。单果重 13.0 克，壳厚 1.1 毫米，易取整仁。核仁饱满，浅黄色，味香，出仁率 55.5%，脂肪含量 65.8%，蛋白质含量 22.7%，综合品质优良。

树势中庸，树姿开张。分枝力强，坐果率 70% 左右，侧花芽率 85.2%，多双果和三果，以中短果枝结果为主。在山东泰安，3 月下旬发芽，4 月初展叶，4 月中上旬雄花开放，4 月中下旬雌花开放，雄先型。8 月下旬果实成熟，11 月上旬落叶。

19. 鲁果 10 号 山东省果树研究所从早实核桃实生后代中选出，2012 年定名并通过山东省林木品种审定委员会审定。

坚果圆形，单果重 11.0 克，壳面光滑，缝合线紧、平。壳厚 0.8 毫米，易取整仁。核仁饱满，浅黄色，味香，出仁率 65.2%，脂肪含量 62.2%，蛋白质含量 19.2%，品质优良。

树姿开张，树势稳健。分枝力强，坐果率 70.7%，侧花芽率 79.6%，多双果和三果，以中果枝结果为主。在山东泰安，3 月下旬发芽，4 月中上旬雄花开放，中下旬雌花开放，雄先型。8 月下旬果实成熟，11 月上旬落叶。

20. 鲁果 11 号 山东省果树研究所从早实核桃实生后代中选出，2012 年定名并通过山东省林木品种审定委员会审定。

坚果长椭圆形，单果重 17.2 克，壳面光滑，缝合线紧、平。壳厚 1.3 毫米，易取整仁。核仁饱满，浅黄色，味香，出仁率 52.9%，脂肪含量 67.4%，蛋白质含量 18.1%，品质优良。

树势强健，树姿直立。枝条粗壮，分枝力强，坐果率72.7％，侧花芽率81.6％，多双果和三果，以中短果枝结果为主。在山东泰安，3月下旬发芽，4月中上旬雄花开放，4月中下旬雌花开放，雄先型。8月下旬果实成熟，11月上旬落叶。

21. 鲁果12号　山东省果树研究所从早实核桃实生后代中选出，2012年定名并通过山东省林木品种审定委员会审定。

坚果圆形，单果重12.0克，壳面较光滑，缝合线紧、平。壳厚0.8毫米，易取整仁。核仁饱满，浅黄色，味香，出仁率69.0％，脂肪含量61.7％，蛋白质含量21.6％，品质优良。

树姿开张，树势健壮。分枝力强，坐果率66.7％，侧花芽率71.6％，多双果。在山东泰安，3月下旬发芽，4月中上旬雌花开放，中下旬雄花开放，雌先型。8月底果实成熟，11月上旬落叶。早实、丰产、稳产、抗寒性强。

22. 鲁核1号　山东省果树研究所从早实核桃实生后代中选出。1996年定为优系，1997—2001年进行复选、决选，2002年定名并通过国家林木品种审定委员会审定。

坚果圆锥形，壳面光滑，缝合线紧，不易开裂，耐清洗、漂白及运输；单果重13.2克，壳厚1.2毫米，可取整仁。内种皮浅黄色，无涩味，核仁饱满，有香味；出仁率55.0％，脂肪含量67.3％，蛋白质含量17.5％，坚果综合品质优良。

树势强，生长快，树姿直立。母枝分枝力强，坐果率68.7％，侧花芽比率73.6％，多双果，以中长果枝结果为主。泰安地区，3月下旬发芽，4月初展叶，雄花期4月中旬，雌花期4月下旬，雄先型。8月下旬果实成熟，11月上旬落叶。

该品种表现速生、早实、优质、抗逆性强；坚果光滑美观、核仁饱满、色浅、味香不涩，坚果品质优良，是一个优良的果材兼用型核桃新品种。

23. 薄丰　河南林业科学研究院1989年育成，从河南嵩县山城新疆核桃实生园中选出。

树势强，树姿开张，分枝力较强，树冠圆头形。嫁接后第二年开始形成雌花，第三年出现雄花，以中和短果枝结果为主，坐果率64％左右。坚果卵圆形，果基圆，果顶尖，单果重11～14克。壳面光滑，缝合线窄而平，结合紧密，外形美观。壳厚0.9～1.1毫米，内褶壁退化，横隔膜膜质，核仁充实饱满，浅黄色，可取整仁，出仁率55％～58％。

在河南3月下旬萌发，4月上旬雄花散粉，4月中旬为雌花盛花期，雄先型。9月初坚果成熟，10月中旬开始落叶。

该品种适应性强，抗寒、抗旱、较抗病，丰产。适宜华北、西北黄土丘陵区栽培种植。主要在河南、山西、陕西和甘肃等地栽培。

24. 绿波 河南省林业科学研究院1989年育成，从新疆核桃实生后代中选出。

树势强，树姿开张，分枝力中等。短果枝结果为主，坐果率69％左右，多为双果。坚果卵圆形，果基圆，果顶尖，单果重11～13克。壳面较光滑，缝合线较窄而凸，结合紧密。壳厚0.9～1.1毫米，内褶壁退化，核仁充实饱满，浅黄色，出仁率54％～59％。

在河南3月下旬萌发，4月中上旬雌花盛花期，4月中下旬雄花开始散粉，雌先型。8月底坚果成熟，10月中旬开始落叶。

该品种生长势旺，适应性强，抗果实病害，丰产、优质。适宜华北黄土丘陵区栽培种植。

25. 辽宁1号 辽宁省经济林研究所，1980年以河北昌黎大薄皮10103优株×新疆纸皮11001优株为亲本杂交育成。

树势强，树姿直立或半开张，分枝力强，枝条粗壮密集。结果枝为短枝型果枝，坐果率60％左右，多双果。坚果圆形，果基平或圆，果顶略呈肩形，单果重10克左右。壳面较光滑，缝合线微隆起，结合紧密。壳厚0.9毫米左右，内褶壁退化，核仁充实饱满，黄白色，出仁率59.6％。

在辽宁大连地区 4 月中旬萌动，5 月上旬雄花散粉，5 月中旬雌花盛花期，雄先型。9 月下旬坚果成熟，11 月上旬落叶。

该品种较耐旱、抗寒，适应性强，丰产。适宜在我国北方地区种植。

26. 辽宁 3 号　辽宁省经济林研究所，1989 年以河北昌黎大薄皮 10103 优株×新疆纸皮 11001 优株为亲本杂交育成。

树势中等，树姿开张，分枝力强，枝条多密集。坐果率 60％左右，多双果或三果。坚果椭圆形，果基圆，果顶圆并凸尖，单果重 10 克左右。壳面较光滑，色浅，缝合线微隆起，结合紧密。壳厚 1.1 毫米左右，内褶壁退化，核仁充实饱满，黄白色，出仁率 59.6％。

在辽宁大连地区 4 月中旬萌动，5 月上旬雄花散粉，5 月中旬雌花盛花期，雄先型。9 月下旬坚果成熟，11 月上旬落叶。

该品种较耐旱、抗寒，适应性强，丰产。适宜在我国北方地区种植。

27. 辽宁 5 号　辽宁省经济林研究所，1990 年以新疆薄壳 3 号的 20905 优株×新疆露仁 1 号的 20104 优株为亲本杂交育成。

树势中等，树姿开张，分枝力强，果枝短，属于短枝型。坐果率 80％左右，多双果或三果。坚果长扁圆形，果基圆，果顶肩状，微凸尖，单果重 10.3 克。壳面光滑，色浅，缝合线宽而平，结合紧密。壳厚 1.1 毫米，内褶壁退化，核仁饱满，可取整仁，出仁率 54.4％。

在辽宁大连地区 4 月上中旬萌动，4 月下旬或 5 月上旬雌花盛花期，5 月中旬雄花散粉，雌先型。9 月中旬坚果成熟，11 月上旬落叶。

该品种适应性强，丰产，坚果品质优良。适宜在我国北方地区种植。

28. 辽宁 7 号　辽宁省经济林研究所，1990 年以新疆纸皮核桃实生后代中的早实后代 21102 优株×辽宁朝阳大麻核桃为亲本杂交育成。

树势强，树姿开张或半开张，中短果枝较多，坐果率在60%左右。坚果圆形，果基、果顶均为圆形，单果重10.7克。壳面极光滑，缝合线窄而平。壳厚0.9毫米，内褶壁膜质或退化，核仁充实饱满，可取整仁，出仁率为62.6%。

在辽宁大连地区4月中旬萌动，5月上中旬雄花散粉，5月中旬雌花盛花期，雄先型。9月下旬坚果成熟，11月上旬落叶。

该品种适应性强，连续丰产性好，坚果品质优良，适宜在我国北方核桃产区栽培。

29. 辽宁 10 号　辽宁省经济林研究所，2006年以新疆薄壳5号的60202优株×新疆纸皮11004优株为亲本杂交育成。

树势强，树姿直立或半开张，分枝力强，中短果枝结果为主，坐果率62%，多双果。坚果长圆形，果基微凹，果顶圆而微尖，单果重16.5克左右。壳面光滑，色浅，缝合线窄而平或微隆起，结合紧密。壳厚1.0毫米，内褶壁膜质或退化，核仁充实饱满，出仁率为62.4%。

在辽宁大连地区4月中旬萌动，5月上旬雌花盛花期，5月中旬雄花散粉，雌先型。9月中旬坚果成熟，11月上旬落叶。

该品种丰产性好，坚果大而品质优良，适宜在我国北方核桃产区栽培。

30. 寒丰　辽宁省经济林研究所，1992年以新纸皮×日本心形核桃为亲本杂交育成。

树势强，树势直立或半开张，分枝力强，中短果枝结果为主，在不授粉的条件下，坐果率可达60%以上，具有很强的孤雌生殖能力，多双果。坚果长阔圆形，果基圆，果顶略尖。坚果较大，单果重14.4克。壳面光滑，色浅。缝合线窄而平或微隆起。壳厚1.2毫米左右，内褶壁膜质或退化，核仁充实饱满，黄白色，可取整仁或半仁，出仁率54.5%。

在辽宁大连地区4月中旬萌动，5月中旬雄花散粉，5月下旬雌花盛花期，雄先型。雌花盛花期最晚可延迟到 5 月末，比一般雌先型品种晚 20～25 天。9 月中旬坚果成熟，11 月上旬落叶。

该品种抗早春晚霜，孤雌生殖能力强，坚果品质优良，特别适宜在我国北方容易遭受春寒危害而造成大量减产甚至绝产的地区栽培。目前，辽宁、河北、甘肃等地种植效果很好。

31. 中林 1 号 中国林业科学研究院林业研究所以涧 9-7-3×汾阳串子为亲本杂交育成，1989 年定名。

树势较强，树姿较直立，分枝力强，树冠椭圆形。结果枝为中短枝型果枝，坐果率 50%～60%，以双果、单果为主。嫁接后第二年结果。坚果圆形，果基圆，果顶扁圆，单果重 14 克，壳面较粗糙，缝合线中宽凸起，结合紧密。壳厚 1.0 毫米左右，内褶壁略延伸，膜质，横隔膜膜质，核仁饱满，浅至中色，可取整仁或 1/2 仁，出仁率 54%。

在北京地区 4 月中旬发芽，4 月下旬雌花盛花期，5 月初雄花散粉，雌先型。9 月上旬坚果成熟，10 月下旬落叶。

该品种生长势较强，生长迅速，丰产潜力大，较易嫁接繁殖。坚果品质中等，适应能力较强。可在华北、华中及西北地区栽培。

32. 中林 3 号 中国林业科学研究院林业研究所以涧 9-9-15×汾阳穗状核桃为亲本杂交育成，1989 年定名。

树势较旺，树姿半开张，分枝力较强。嫁接后第二年结果。坚果椭圆形，单果重 11 克。壳中色，较光滑，缝合线窄而凸起，结合紧密。壳厚 1.2 毫米，内褶壁退化，横隔膜膜质，核仁饱满，色浅，可取整仁，出仁率 60%。

在北京地区 4 月下旬雌花开放，5 月初雄花散粉，雌先型。9 月初坚果成熟，10 月末落叶。

该品种适应性较强，较易嫁接繁殖，核仁品质上等，适宜西北、华北山地栽培，亦可作为果林兼用树种。

33. 中林 5 号 中国林业科学研究院林业研究所以涧 9-11-

12×涧 9-11-15 为亲本杂交育成，1989 年定名。

树势中庸，树姿较开张，分枝力较强，树冠长椭圆至圆头形。短果枝结果为主，多双果。坚果圆形，果基、果顶均平，单果重 13.3 克。壳面较光滑，色浅，缝合线窄而平，结合紧密。壳厚 1.0 毫米，内褶壁膜质，横隔膜膜质，核仁充实饱满，可取整仁，出仁率 58%。

在北京地区 4 月下旬雌花盛花期，5 月初雄花散粉，雌先型。8 月下旬坚果成熟，10 月下旬或 11 月初落叶。

该品种不需漂白，宜带壳销售。适宜在华北、中南、西南地区年均温 10℃ 左右的气候区栽培，尤宜进行密植栽培。

34. 陕核 1 号 陕西省果树研究所从扶风隔年核桃的实生后代中选育而成，1989 年通过林业部（现国家林业局）鉴定。

树势较旺，树姿较开张，分枝力较强，中短果枝结果为主。坚果近卵圆形，果基、果顶均为圆形，单果重 11.7～12.6 克。壳面麻点稀而少，壳厚 1.0 毫米左右，核仁饱满，可取整仁或 1/2 仁，出仁率 61.84%。

在陕西省关中地区 4 月上旬发芽，4 月下旬雌花盛花期，5 月上旬雄花散粉，雌先型。9 月上旬坚果成熟，10 月中旬开始落叶。

该品种适应性较强，抗寒、抗旱、抗病力强。适宜土壤条件较好的丘陵、川塬地区栽培。

35. 西扶 1 号 原西北林学院（现西北农林科技大学）从扶风隔年核桃实生后代中选育而成，1989 年通过林业部（现国家林业局）鉴定。

树势旺盛，树姿半开张，树冠呈自然圆头形。无性系第二年开始结果。果实椭圆形，坚果平均单果重 10.3 克，壳面较光滑，缝合线微隆起，结合紧密，壳厚 1.1 毫米，可取整仁。出仁率 56.21%。

在陕西省关中地区 4 月上旬发芽，4 月下旬雄花盛花期，5

月初雌花盛花期，雄先型。9月中旬坚果成熟。

该品种适应性较强，抗寒、抗旱、抗病力强。坐果率高，丰产性强，适于密植栽培，应注意疏果和加强肥水管理。

36. 丰辉　山东省果树研究所1978年杂交育成，1989年定名。

树姿直立，树势中庸，树冠圆锥形，分枝力较强。（缺点：枝条性状枝条细弱、髓心大、光滑，较密集，一年生枝绿褐色。混合芽饱满，芽座大，二次枝上主、副芽分离，芽尖绿褐色。）嫁接苗定植第二年开花结果，侧生混合芽比率88.9%，4年后形成雄花。每个雌花序着生2～3雌花，坐果率70%左右。坚果长椭圆形，基部圆，果顶尖。纵径4.36厘米，横径3.13厘米，单果重12.2克左右，壳面刻沟较浅，较光滑，浅黄色。缝合线窄而平，结合紧密，壳厚1.0毫米左右。内褶壁退化，横隔膜膜质，易取整仁。核仁充实、饱满、美观，重7.0克，出仁率57.7%。脂肪含量61.77%，蛋白质含量22.9%，味香而不涩。

山东泰安地区3月下旬发芽，4月中旬雄花期，4月下旬雌花期，雄先型。8月下旬果实成熟，11月中旬落叶。产量较高，管理粗放条件下，大小年明显。不耐干旱和瘠薄，适合土层深厚的土壤栽培。

37. 元林　2007年，由山东省林业科学研究院成功选育，母本为元丰核桃，父本为美国核桃强特勒。

树姿直立或半开张，生长势强，树冠呈自然半圆形。多年生枝条呈红褐色，枝条皮目稀少，无茸毛；混合芽呈圆形，侧生混合芽率为85%左右。小叶长卵圆形，小叶数7～9片，叶黄绿色，叶间微尖，叶全缘。雄花序较少，柱头为黄绿色。母枝分生结果枝数中等，单枝以双、三果为主，多者坐果可达8个；坐果率为60%～70%；结果母枝连续结果能力较强，可连续4年结果。果实黄绿色，长椭圆形，果点较密，果面有茸毛，青皮厚度约0.4厘米，青皮成熟后容易脱落。坚果长圆形，纵径4.25厘米，横径 3.6 厘米，侧径 3.42 厘米，平均单果重 16.84 克。壳面刻沟较浅，较光滑美观，浅黄色；缝合线略窄而平，结合紧密；壳厚 1.26 毫米左右；内褶壁退化，易取整仁；核仁充实饱满，出仁率 55.42% 左右，味香微涩。

元林核桃萌芽期为 4 月上旬，新梢生长期为 4 月中旬，雌花期为 4 月中下旬至 5 月初，雄花期为 3 月底至 4 月底，新梢二次生长期为 5 月中旬，幼果 5 月初开始生长，生理落果期 5 月下旬至 6 月上旬，硬核期 6 月下旬，种仁充实期 7 月上旬，果实成熟期 8 月下旬，落叶期 11 月上旬，为雄先型品种。元林核桃对土壤立地条件要求不高，可在平原和丘陵山地、梯田堰边进行栽培。

38. 绿香 山东省林业科学研究院于 2009 年成功选育的适合鲜食和仁用的早实核桃新品种。

树姿直立，树势强，树冠半开张。枝干银白色，皮目小；枝条新梢绿褐色，一年生枝灰褐色，结果母枝褐色。每结果枝 3~7 片复叶，每个复叶 5~9 片叶，多 7 片；小叶长卵圆形，叶片浓绿色，叶尖微尖或钝尖，叶缘光滑，叶脉 14~17 对；雌花芽混合花芽半圆形，柱头微红色；雄花序多，雄花序长度 12~15 厘米。果实倒卵圆形，成熟后青皮黄绿色；果面被茸毛，果点淡黄色，密集；青皮中厚，脱青皮易。坚果长圆形，果顶尖，基部圆平。壳面不光滑，果仁微露；缝合线微隆，结合紧密；坚果纵径 4.60 厘米，横径 3.67 厘米，侧径 3.67 厘米，壳厚 0.99 毫米；平均单果重为 12.9 克；内褶壁退化，横隔膜为膜质，取仁易，可取整仁，平均核仁重为 8.14 克，出仁率为 63.10%；核仁充实饱满，乳黄色果仁，种仁浓香；核仁蛋白质含量为 19.0%，脂肪含量为 62.3%。

在泰安邱家店试区，萌芽期为 4 月初，新梢生长期为 4 月中旬；雌花期为 4 月中旬至 5 月初，雄花期为 4 月中下至 5 月初，为雌先型核桃品种；新梢二次生长期为 5 月中旬，幼果 5 月初开始生长，生理落果期 5 月下旬至 6 月上旬，硬核期 6 月下旬，种仁充实期 7 月上旬，果实成熟期 8 月下旬，落叶期 11 月上旬。绿香核桃适于我国北方广大的地区栽培。

39. 鲁青　山东省林业科学研究院于 2013 年成功杂交选育的早实核桃新品种，其母本为鲁光，父本为青林。

树姿直立，生长势强，树冠呈椭圆形，紧凑；新梢灰绿色，多年生枝条呈褐色，枝条皮目中等，少茸毛；混合芽呈圆球形，侧生混合芽率为 40.0% 左右；小叶长卵圆形，小叶数 5～7 片，叶黄绿色，叶尖微尖，叶全缘；雄花序较少，长度为 15～20 厘米，柱头为黄绿色。短枝顶端 1～2 芽为混合芽，下部为雄花芽；中长枝顶芽下有盲节，长 3～8 厘米，最长达 10～12 厘米；混合芽与雄花芽比为 5∶3。在山东泰安地区，4 月初萌芽，新梢生长期为 4 月中旬，雌花期为 4 月中下旬，雄花期为 4 月中旬，幼果 5 月初开始生长，生理落果期 6 月上旬，硬核期 6 月下旬，种仁充实期 8 月上旬，8 月下旬果实成熟，落叶期 10 月下旬至 11 月上旬。

果实黄绿色，长椭圆形，果点小、较密，果面有茸毛，果皮厚度约 0.4 厘米，青皮成熟后容易脱落。坚果椭圆形，果顶尖，基部平圆；平均单果重 16.8 克。壳面刻沟较浅，较光滑美观，浅黄色；缝合线隆起，结合紧密；坚果纵径 4.5～4.65 厘米，横径 3.45～3.70 厘米；壳厚 1.46 毫米；内褶壁退化，横隔膜为膜质，易取整仁；核仁充实饱满，内种皮乳黄色；单仁重 9.5 克，出仁率 56.55%，味香微涩。

40. 强丰　山东省林业科学研究院通过人工杂交选育的核桃新品种。母本为中国元丰核桃，父本为美国强特勒核桃，2013 年通过山东省林业厅组织验收。

树冠半圆形，树姿较直立，生长势较强。枝干银灰色，皮目小，一年生枝绿色，新梢绿褐色，结果母枝褐色。每结果枝 3～7 片复叶，每复叶 5～9 片小叶，小叶长卵圆形，叶片黄绿色，叶尖微尖，叶缘光滑，叶脉 12～19 对。雌花芽、混合芽为半圆形，柱头淡黄绿色，雄先型。在山东泰安地区，强丰核桃萌芽期为 4 月上旬，新梢迅速生长期为 4 月中旬，雄花期为 4 月中下旬，雌花期为 4 月下旬，果实成熟期 8 月下旬，落叶期 10 月下旬。

果实圆形，成熟后青皮淡黄绿色。坚果近圆形，果顶尖圆，基部平圆，壳面较光滑；坚果纵径 3.41～3.62 厘米，横径 3.21～3.46 厘米，壳厚 1.26 毫米；平均单果重 11.72 克，出仁率 52.91％；内褶壁退化，横隔膜为膜质，取仁易。强丰核桃适合于我国北方广大核桃产区栽培。建园方式可采取集约成片建园、果粮间作、堰边或散生栽植。

（二）晚实品种

核桃属于异花授粉植物，自然授粉的实生后代多为异交系，变异类型复杂，且受不同环境条件的影响，致使种内类型多样。晚实核桃一般八至十年生开始结果，而且有一些外壳也很薄，有些地方称为纸皮核桃；早实核桃比晚实核桃分枝力强，从二年生就开始大量分枝，具有二次分枝和二次开花特性。核桃壳也厚薄不一，也就是说薄壳核桃不一定是早实核桃。

1. 晋龙 1 号　山西省林业科学研究所（现山西省林业科学研究院）从山西省汾阳晚实实生核桃群体中选出，1990 年通过山西省科技厅鉴定。

主干明显，分枝力中等，树冠自然圆头形。坐果率 65％左右，多为双果。坚果近圆形，果基微凹，果顶平，单果重 13.0～16.35 克。壳面较光滑，有小麻点，缝合线较窄而平，结合紧密。壳厚 0.9～1.12 毫米，内褶壁退化，横隔膜膜质，核仁充实饱满，色浅，出仁率 60％～65％。

在晋中 4 月下旬萌发，5 月上旬盛花期，5 月中旬大量散粉，雄先型。9 月中旬坚果成熟，10 月下旬落叶。

该品种抗寒、抗旱、抗病力强。晋中以南海拔 1 000 米以下不受霜冻危害。适宜在华北、西北地区栽培种植。

2. 晋龙 2 号   山西省林业科学研究所从山西省汾阳晚实实生核桃群体中选出，1994 年通过山西省科技厅鉴定。

树势强，树姿开张，分枝力中等，树冠半圆形。坐果率 65% 左右。坚果圆形单果重 14.6～16.82 克。壳面光滑，缝合线较窄而平，结合紧密。壳厚 1.12～1.26 毫米，内褶壁退化，横隔膜膜质，核仁饱满，色浅，可取整仁，出仁率 54%～58%。

在晋中 4 月中旬萌发，5 月上中旬雄花盛花期，5 月中旬为授粉期，雄先型。9 月中旬坚果成熟，10 月下旬落叶。

该品种抗寒、抗旱、抗病力强。晋中以南海拔 1 000 米以下不受霜冻危害。适宜在华北、西北丘陵山区栽培种植。

3. 晋薄 1 号   山西省林业科学研究所，选自山西省孝义县晚实实生核桃园，1991 年定为优系。

树冠高大，树势强，树姿开张，分枝力较强，树冠呈半圆形。每雌花序着生 2 朵雌花，双果较多。坚果长圆形，单果重 10～12 克。壳面光滑，色浅，缝合线窄而平，结合紧密，壳厚 0.7～0.9 毫米。内褶壁退化，横隔膜膜质，核仁饱满，可取整仁，出仁率 62%～66%。

在晋中地区 4 月中旬萌芽，5 月上旬盛花期，9 月上旬坚果成熟，10 月下旬落叶。

该品种抗性强，较丰产，坚果品质优良，适应在华北、西北丘陵区发展。

4. 晋薄 4 号   山西省林业科学研究所，选自山西省孝义县晚实实生核桃园，1991 年定为优系。

树势强，树姿开张，分枝力较强，树冠较大，呈圆头形。坐果率较高，双果较多。坚果圆形，较小，单果重 9.0～10.5 克。壳面较光滑，缝合线结合较紧密，壳厚 0.76～0.95 毫米，核仁饱满，可取整仁，出仁率 64%～66%。

在晋中地区 4 月中旬萌芽，5 月上旬盛花期，9 月上旬坚果成熟，10 月下旬落叶。

该品种抗寒性、抗病性强，耐旱，丰产，坚果品质优良，适应在华北、西北丘陵区发展。

5. 西洛 1 号 西北林学院（现西北农林科技大学）和洛南县核桃研究所协作，从陕西商洛晚实核桃实生群体中选育而成，1997 年经省级鉴定，2000 年通过陕西省林木良种审定委员会审定。

树势中庸，树冠圆头形，主枝开张。侧芽结果率 12％，果枝率 35％，坐果率 60％。坚实椭圆形，果基圆形，果顶稍平，坚果平均单果重 13 克。壳面光滑，缝合线窄而平，结合紧密。壳厚 1.1 毫米，内褶壁不发达，横隔膜膜质，核仁充实饱满，易取整仁。出仁率 50.87％。

在陕西省洛宁地区 4 月上旬萌芽，4 月 7 日雄花盛花期，4 月 25 日雌花盛花期，雄先型。9 月上旬坚果成熟，10 月下旬落叶。

该品种适应性较强，抗旱、抗病虫、抗晚霜，丰产稳产，品质优良。适宜在华北、西北黄土丘陵及秦巴山区稀植栽培，也可以进行林粮间作栽培。

6. 西洛 2 号 西北林学院和洛南县核桃研究所协作，从陕西商洛晚实核桃实生群体中选育而成，1997 年经省级鉴定，2000 年通过陕西省林木良种审定委员会审定。

树势中庸，树姿早期较直立，结果后多开张，树冠圆头形。坐果率 65％。坚实长圆形，果基圆形，果顶微尖，坚果平均单果重 13.1 克。壳面较光滑，有稀疏小麻点，缝合线低平，结合紧密。壳厚 1.3 毫米，内褶壁不发达，横隔膜膜质，核仁饱满，可取整仁或 1/2 仁。出仁率 54％。

在陕西省关中地区 4 月上旬发芽，4 月中旬雄花盛花期，4 月下旬雌花盛花期，雄先型。9 月上旬坚果成熟，11 月上旬落叶。

该品种适应性较强，抗旱、抗病、耐瘠薄土壤，丰产稳产。适宜在华北、西北黄土丘陵及秦巴山区稀植栽培。

7. 西洛 3 号　西北林学院和洛南县核桃研究所协作，从陕西商洛晚实核桃实生群体中选育而成，1997 年经省级鉴定，2000 年通过陕西省林木良种审定委员会审定。

树势旺，树冠圆头形。坐果率 66%。坚果椭圆形，坚果平均单果重 14 克。壳面光滑，缝合线低平，结合紧密。壳厚 1.2 毫米，内褶壁不发达，横隔膜膜质，核仁充实饱满，易取整仁。出仁率 56.64%。

在陕西省洛南地区 4 月中旬发芽，4 月下旬雄花盛花期，5 月上旬雌花盛花期，雄先型。9 月上旬坚果成熟，10 月下旬落叶。

该品种适应性较强，抗旱、抗病虫、避晚霜，丰产稳产优质。适宜在华北、西北黄土丘陵及秦巴山区稀植栽培，也可进行"四旁"和林粮间作栽培。

8. 礼品 1 号　辽宁省经济林研究所，1989 年从新疆晚实核桃 A2 号实生后代中选育而成，1995 年通过省级鉴定。

树势中庸，树姿开张，分枝力中等，树冠半圆形，中长枝结果为主。坐果率 50%。坚果长圆形，果基圆，果顶圆并微尖，坚果重 9.7 克。果壳表面刻沟少而浅，光滑美观，缝合线窄而平，结合紧密。壳厚 0.6 毫米，指捏即开，内褶壁退化，极易取整仁，出仁率为 70% 左右。

在辽宁大连地区 4 月中旬萌动，5 月上旬雄花散粉，5 月中旬雌花盛花期，雄先型。9 月中旬坚果成熟，11 月上旬落叶。

该品种适宜在我国北方核桃产区栽培。目前，北京、河南、山西、陕西、山东、河北、辽宁等地有较多栽培。

9. 礼品 2 号　辽宁省经济林研究所，1989 年从新疆晚实核桃 A2 号实生后代中选育而成，1995 年通过省级鉴定。

树势中庸，树姿开张，分枝力较强，长枝结果为主。坐果率70%，多双果。坚果长圆形，果基圆，果顶圆微尖，坚果重13.5克。壳面光滑，缝合线窄而平，结合紧密。壳厚0.7毫米，内褶壁退化，易取整仁，出仁率为67.4%左右。

在辽宁大连地区4月中旬萌动，5月上旬雌花盛花期，5月中旬雄花散粉，雌先型。9月中旬坚果成熟，11月上旬落叶。

该品种抗病、丰产，适宜在我国北方核桃产区栽培。目前，北京、河北、山西、河南、辽宁等地有栽培。

10. 北京746 北京市农林科学院林业果树研究所（以下简称北京市林果所）从门头沟区沿河乡东岭村晚实核桃实生园中选育而成，1986年定名。

树势较强，树姿较开张，分枝力中等。中短果枝结果为主，坐果率60%左右，多双果。坚果圆形，果基圆，果顶微尖。壳面较光滑，缝合线窄而平，结合紧密。壳厚1.2毫米，内褶壁退化，横隔膜膜质，出仁率为54.7%左右。

在北京地区4月上旬萌芽，4月中旬为雄花期，4月下旬至5月初为雌花期，雄先型，9月上旬坚果成熟，11月上旬落叶。

该品种适应性强，较耐瘠薄，抗病，丰产性强，适宜在我国北方核桃产区稀植大冠栽培。

11. 京香2号 北京市林果所从密云县实生核桃园中选出，1990年定名，2009年通过北京良种委员会审定。

树势中庸，树姿较开张，分枝力中等。中短果枝结果为主，坐果率65%左右，多双果。坚果圆形，果基、果顶均圆。壳面较光滑，缝合线宽而低，结合紧密。壳厚1.2毫米，内褶壁退化，横隔膜膜质，核仁充实饱满，出仁率为57%左右。

在北京地区4月上旬萌芽，4月中旬为雄花期，4月下旬为雌花期，雄先型。9月上旬坚果成熟，10月底落叶。

该品种适应性强，较耐瘠薄，抗病，丰产性强，适宜在北方核桃产区栽培。

12. 京香 3 号 北京市林果所从房山区佛子庄乡中英水村实生核桃园中选出，1990 年定名，2009 年通过北京良种委员会审定。

树势较强，树姿较开张，分枝力中等。中果枝结果为主，坐果率 60％左右，多双果。坚果扁圆形，果基圆、果顶微尖。壳面较光滑，缝合线微隆起，结合紧密。壳厚 1.2 毫米，内褶壁退化，横隔膜膜质，核仁较充实饱满，出仁率为 61.5％。

在北京地区 4 月上旬萌芽，4 月中旬为雌花期，4 月下旬为雄花期，雌先型，9 月上旬坚果成熟，11 月上旬落叶。

该品种适应性强，较耐瘠薄，抗病，丰产性强，适宜在北方核桃产区稀植大冠栽培。

13. 清香 河北农业大学 20 世纪 80 年代初从日本引进的核桃品种。2002 年通过专家鉴定，2003 年通过河北省林木良种审定委员会审定。

幼树时生长旺盛，结果后树势稳定，树姿半开张，分枝力较强，树冠圆头形。嫁接树后第四年开始见花结果，高接树第三年开始结果，连续结果能力强，坐果率 85％以上，双果率 80％以上。坚果近锥形，果基圆，果顶尖，单果重 16.9 克。壳面光滑淡褐色，缝合线结合紧密，外形美观。壳厚 1.2 毫米，内褶壁退化，核仁充实饱满，浅黄色，风味极佳，可取整仁，出仁率 52％～53％。

在河北保定地区 4 月上旬萌发展叶，4 月中旬雄花盛开散粉，4 月中下旬为雌花盛花期，雄先型。9 月中旬坚果成熟，11 月初开始落叶。

该品种适应性强，对炭疽病、黑斑病及干旱、干热风的抵御能力强。

14. 青林 山东省林业科学研究院 2007 年从核桃实生后代中选出，是一个优质晚实型材果兼用核桃新品种，树干通直、速生、丰产。

树势生长旺盛，干性强，树姿直立。树干通直，银褐色，当年生枝条浅褐色，多年生枝银白色，光滑，枝条粗壮。每个雌花序多着生2～3朵雌花，以中长结果枝为主，每结果母枝可抽生2～3条结果枝。果实绿色，长卵圆形，果点较密，果面茸毛较多，青皮厚度0.3～0.4厘米，成熟后青皮容易脱落。坚果长椭圆形，果基圆，果顶微尖。壳面为条状刻沟，较光滑；壳皮黄褐色，缝合线窄凸，结合紧密，壳厚2.18毫米。内褶壁退化，横隔膜膜质，取仁易，可取半仁或整仁。核仁浅黄色充实饱满，内种皮淡黄色，无涩味浓香，品质上等，出仁率40.12%左右。

在山东省泰安地区，萌芽期为3月下旬，新梢生长期为4月初，雌花期4月上旬，雄芽膨大期4月中下旬，雌先型。生理落果期6月上旬，硬核期6月下旬；种仁充实期7月下旬，果实成熟期9月上中旬，落叶期11月中旬，果实生育期160天左右。

15. 日丽 山东省林业科学研究院在核桃种质资源评价基础上，于2011年从普通晚实核桃中选育出的抗病、优质、丰产核桃新品种。

树姿开张；树冠为半圆形；树势中庸，有主干，枝条紧密，侧枝较细。枝干光滑，枝条有光泽，一年生枝颜色为灰褐色；顶芽1～3芽为混合芽；奇数羽状复叶的小叶数为5～9片，叶柄较细；叶基长卵形，叶尖凸尖，叶缘光滑，黄绿色；雌花芽较大，圆形，着生在枝条顶端1～3芽；雄花芽中等大小，短圆形，着生短枝中上部，每花序着生雌花数量为1～2个，雄花序长8～20厘米。在山东省泰安地区，日丽核桃萌芽期为4月初，新梢4月中旬开始生长，雌花期为4月中下旬至5月初，雄花期为4月底，新梢二次生长期为5月中旬，幼果5月初开始生长，生理落果期5月中下旬至6月上旬；硬核期6月下旬；种仁充实期7月上旬；果实成熟期8月下旬；落叶期11月上旬。

青果卵圆形，果柄长1.5～2.0厘米，青皮厚3.8毫米，果实表面有茸毛，有黄色斑点，斑点较大，密集；坚果长椭圆形，果顶尖，基部圆形；纵径 4.25 厘米、横径 3.16 厘米、侧径 3.30 厘米。壳面光滑；缝合线平，结合较紧密；壳厚 1.29 毫米，内褶壁退化，横隔膜膜质；取仁易，内种皮淡黄色，种仁充实饱满，平均坚果重 11.92 克，单仁重 5.87 克，出仁率 49.24%。种仁脂肪含量为 64.5%，蛋白质含量为 15.1%，种仁浓香微涩。坚果综合经济性状优良。

16. 奥林 山东省林业科学研究院于 2012 年从核桃实生后代中选出的抗病晚实核桃新品种，适合夏季高温多湿地区栽培。

树姿直立或半开张，生长势强，树冠呈自然半圆形；新梢绿褐色，多年生枝灰白色，枝干银白色，枝条皮目中等，无茸毛；混合芽呈圆形，侧生混合芽率为 30% 左右；复叶长 44.6 厘米，宽 32.3 厘米；小叶长卵圆形，5～11 片，长 17.8 厘米，宽 9.8 厘米；叶黄绿色，叶尖微尖，叶全缘；雄花序较少，长 15～20 厘米；柱头为黄绿色。在山东省泰安地区，萌芽期 4 月初，新梢生长期 4 月中旬，雄先型，雄花期 4 月中旬，幼果 5 月初开始生长，生理落果期 6 月上旬，硬核期 6 月下旬，种仁充实期 7 月上旬，成熟期 8 月底，落叶期 11 月中旬。奥林核桃母株分枝力中等，母枝分生结果枝数中等，单枝以单、双果为主，有三果；坐果率为 25%～50%，结果母枝连续结果能力较强，至少可连续 5 年结果。抗逆性强，适应性广，对核桃黑斑病和炭疽病有较强的抗性。

果实黄绿色，长椭圆形，果点小、较密，果面有茸毛，青皮厚度约 0.4 厘米，青皮成熟后容易脱落。坚果长扁圆形，果顶微尖，基部平圆；平均单果重 14.8 克。壳面刻沟较浅，较光滑美观，浅黄色；缝合线隆起，结合紧密；壳厚 1.1 毫米左右；内褶壁退化，易取整仁；核仁充实饱满、内种皮颜色为淡黄色，单仁重 8.9 克，出仁率 60.2% 左右，味香微涩。

17. 丰硕 山东省林业科学研究院 2013 年从丰辉核桃实生后代中选育出的雄先型、抗病、晚实核桃新品种。

树冠圆头形，树姿较直立，生长势强。枝干银灰白色，皮目小，一年生枝褐色，新梢绿褐色，结果母枝褐色，每结果枝4～6片复叶，每复叶5～7片小叶，小叶长卵圆形，叶片浓绿色，叶尖微尖或钝尖，叶缘光滑，叶脉12～18对。雌花芽、混合芽为半圆形，柱头黄绿色；雄花芽较长，雄花序12～20厘米，雄先型。短枝顶端1～2芽为混合芽，基芽为混合芽，中部为雄花芽；中长枝顶端1～4芽为混合芽，中部为雄花芽，基部为叶芽。在山东省泰安地区，丰硕核桃萌芽期4月上旬，新梢迅速生长期4月中旬，雄花期4月中下旬，雌花期4月中下旬，果实成熟期9月上旬，落叶期10月下旬。

果实黄绿色，长椭圆形，果点小、较密，果面有茸毛，青皮厚度约0.4厘米，青皮成熟后容易脱落。坚果长椭圆形，大果型，果顶略尖，基部圆平，壳面光滑美观；坚果纵径5.06～5.56厘米，横径3.3～3.53厘米，壳厚1.47毫米左右；平均单果重18.18克，仁重9.15克，出仁率50.33%；内褶壁退化，横隔膜为膜质，取仁易，可取整仁，味香。丰硕核桃适合在我国北方广大的地区栽培。

（三）泡核桃品种

泡核桃亦称漾濞核桃，是我国西南高地（北亚热带气候区）的核桃栽培种。不抗寒，不宜在北方栽培。适宜在年平均温度12℃以上、生长期200天以上的地区种植。

1. 大泡核桃 大泡核桃又称为漾濞泡核桃、茶核桃、绵核桃，为云南省早期无性优良品种，已有500多年的栽培历史。具有果大、皮薄、仁白、味香、产量高的特点，受到大多数人的青睐。大泡核桃有庞大的根系和树冠，具有绿化环境、防风固沙、保持水土、优化环境的作用。

大泡核桃属于胡桃科胡桃属，落叶乔木，小枝粗壮，髓心片状分隔，鳞芽，奇数羽状复叶。大泡核桃原产于漾濞县，现广泛分布于大理、丽江、怒江、保山、临沧、楚雄、红河、昆明等地，属无性系品种，树势强，树高可达 30 米以上，冠幅可达 734 米^2，树冠呈半圆球形，单株果实最高达 3.7 万个，折合 420 千克，中果枝率为 94.1%，果枝为中短枝型。果枝平均坐果 2.3 个以上，每平方米冠影产仁量高达 340 克以上。坚果扁圆球形，顶端突尖，三径为 3.2 厘米×3.8 厘米×3.9 厘米；壳面麻点多，且较深大，缝合线较隆起、紧密；单果重 8.0～17.1 克，仁重 6.0～9.4 克，壳厚 0.4～0.9 毫米；内隔膜退化与内褶壁退化，取仁易，可取整仁，出仁率 50%～76.6%，仁饱满，味香，黄白色，脂肪含量 56.4%～76.3%，蛋白质含量 13.4%～17.3%，大泡核桃生长最适宜的海拔为 1 800～2 200 米，一般 3 月上中旬芽萌动，3 月下中旬至 4 月上旬，雄花开放；4 月上中旬雌花开放，同一株树，一般雄花败落 10 天左右雌花才开放；白露节令，果实成熟；9 月下旬至 10 月上旬开始落叶。大泡核桃丰产性好，适应性强，较耐低温冷冻。枝条嫩时呈绿色或绿褐色，一至三年生为褐色，韧性较好，果枝顶芽萌发后所长出的复叶多为 5 片。复叶具小叶 8～13 片，叶片幼嫩时呈淡红色。树皮银灰色，幼树平滑，老树呈不规则纵裂、翘起。雄花花序长 8～12 厘米，最长的达 24 厘米，雌花 2～4 朵。寿命长，百年以上大树仍处于盛果期，硕果累累，目前该品种仍属于云南省的主栽品种。

2. 黔 1 号 坚果圆形。坚果平均重 8.4 克。壳面有浅麻点，色较浅；缝合线窄而凸起，结合较紧密，易取整仁。核仁重 5.1 克，出仁率 63%。核仁充实饱满，色浅，风味优良。

树势旺盛，树姿直立。发芽较晚，雄先型。该品种适应性强，较丰产，坚果虽小而质优，适宜在西南高原黄棕壤和黄壤等地区种植。

3. 黔 2 号 坚果圆形。坚果平均重 13 克。壳面有浅麻点，色浅；缝合线窄而平，结合紧密，易取整仁。核仁重 7.7 克，出仁率 59%。核仁充实饱满，色浅，风味优良。

嫁接树第二至四年开始结果，8年后进入盛果期。树势旺盛，树姿直立。发芽较晚，雄先型。该品种抗旱性强，早期丰产，抗病性强，适宜在西南高地种植。

4. 黔3号 坚果圆形。坚果平均重10.3克。壳面有浅麻点，色深；缝合线窄而凸起，结合紧密，较易取整仁。核仁重6.9克，出仁率67％。核仁充实饱满，色浅，风味优良。

嫁接树第二至四年开始结果。树势中等，树姿直立。发芽较晚，雄先型。该品种适应性强，早期丰产，抗病性强，适宜在西南高寒地区种植。

5. 黔4号 坚果圆形。坚果重11.5克。壳面光滑，色深；缝合线窄而凸起，结合紧密，易取整仁。核仁重6克，出仁率52.4％。核仁充实饱满，色浅，风味优良。

嫁接树第二至三年开始结果。树势旺盛，树姿直立。适宜在年平均温度13℃以上、生长期240天以上的地区种植。发芽较早，雌先型。该品种适应性强，早期丰产，坚果品质优良。适宜在西南地区种植。

6. 云新90301、90303和90306 铁核桃和早实核桃的杂交种，坚果长圆球形。坚果平均重13克。壳面比较光滑有浅麻点；缝合线凸起，结合紧密，较易取整仁。核仁重7克，出仁率52％～60％。核仁充实饱满，色浅，风味优良。

嫁接树第二年开始结果，5年后进入盛果期。发芽较早，雌先型。该品种适应性强，早期丰产，抗病性强，适宜在西南海拔1 600～2 100米处种植。

7. 漾早香 从漾濞泡核桃实生种群中经过实生选种，发现特异单株，经无性繁殖培育而成的核桃新品种。该品种树势强健，树冠紧凑，果熟期早，抗病虫能力强，坚果品质与漾濞大泡核桃相当。坚果长圆形，刻纹浅，平均三径为34.77毫米×40.53毫米×33.11毫米，平均湿果质量17.1克，平均干果质量14.3克，缝合线稍隆起，紧密，底端平；平均壳厚1.0毫米，仁浅黄白色。内褶壁革质，易取全仁，出仁率 54.56％，仁饱满，味香，含蛋白质 17.22％，脂肪 69.19％。经多年区域性试验表明，该品种具有早熟、丰产及较强适应性和抗逆性的特点。

8. 三台核桃 主要分布楚雄彝族自治州大姚县三台、铁锁、三岔河、桂花乡，楚雄彝族自治州姚安县左门乡，大理白族自治州祥云县东山、米甸乡，大理白族自治州宾川县拉乌、古底乡。具有壳薄、光滑、刻纹浅细、取仁容易、仁浅黄味香、出仁率高及便于加工等特点，是目前云南省第二大核桃优良品种。

树势旺，树体大，树姿开展。盛果期冠径达 13.4 米以上，结果母枝平均抽梢 1.32 个，新梢绿褐色，长 8.0 厘米。顶芽圆锥形，顶端 1～2 个侧芽圆形，腋芽扁圆形，无芽柄、芽座。小叶 7～13 枚，椭圆状披针形，顶端渐尖。雄先型。雄花序较多，花序长 10～25 厘米，每雄花序着生小花 100 朵左右；每雌花序有雌花 1～4 朵，2～3 朵居多，占 75％。顶芽以结果为主，侧花芽占 10％左右。坐果率 73.6％，每果枝平均坐果 1.92 个，其中单果 31.2％，双果占 45.2％，3 果占 23.2％，4 果占 0.4％。果实黄绿色，长椭圆形，果点较密，青皮厚度 0.3 厘米左右，青皮成熟后容易脱落。坚果倒卵圆形，果基尖，果顶圆，纵径 3.84 厘米，横径 3.35 厘米，侧径 2.92 厘米，坚果重 9.491～1.57 克。壳较光滑，色浅，缝合线窄，上部略凸，结合紧密，尖端渐尖，壳厚 1.0～1.1 毫米。内褶壁及横隔膜质，易取整仁。出仁率 50％以上。核仁充实、饱满、色浅，味香醇、无涩味。仁含油率 69.5％～73.1％，蛋白质 14.7％。坚果综合性状优良。

大姚地区 3 月上旬发芽，4 月上旬雄花散粉，雌花显蕾，4 月中旬雌花盛开，4 月下旬幼果形成，9 月下旬坚果成熟，11 月下旬落叶。树干害虫轻度危害，无严重病害。

第五章
核桃园土肥水管理

核桃树在其生长发育过程中，根系要不间断地从土壤中吸收各种营养和水分。为了使核桃树生长发育良好，达到优质高产，地下管理非常重要。加强土肥水管理，改善土壤结构、减少水土流失、加深熟土层厚度，提高土壤肥力，为核桃树根系创造良好的条件，是核桃树高产、稳产、优质的重要措施。

目前，新栽良种核桃园也普遍存在重栽轻管甚至不管的现象。新品种需要新的栽培管理技术，否则，新品种的优势很难发挥。一般来讲，早实品种丰产性较强，但需要较好的立地条件和栽培管理水平。如果结果后缺乏土肥水管理，容易形成小老树，产量低、品质差、无经济效益。只有做到良种良法配套才能使核桃园整洁，树体健壮，才能使经济效益增加。

一、土壤管理

土壤管理是核桃栽培技术重要工作之一。良好的土壤管理可以改善土壤的理化性质，促进土壤微生物活动，平衡土壤中的水、肥、气、热四大因素的良好关系，能促进核桃幼树快速生长，提早结果，也能使盛果期核桃高产稳产，是核桃园实现可持续发展的保障。土壤管理的主要内容有土壤深翻改良、土壤耕作、土壤培肥等工作。

（一）深翻施有机肥

深翻是土壤管理的一项基本措施。土壤经过深翻可以改善土壤结构，提高保水、保肥能力，改善根系环境，达到增强树势、提高产量的目的。

1. 深翻时期 核桃园四季均可深翻，但应根据具体情况与要求因地制宜地适时进行，并采用相适应的措施，才能收到良好效果。

（1）秋季深翻。一般在果实采收前后结合秋施基肥进行。土壤深翻最好在采果后至落叶前进行，此时被打断的根系容易愈合，发出大量新根，如果结合施基肥，有利于树体吸收、积累养分，提高树体耐寒力，也为翌年生长和结果打下基础。

（2）春季深翻。应在解冻后及早进行。此时地上部尚处于休眠期，根系刚开始活动，生长较缓慢，但伤根容易愈合和再生。从土壤水分季节变化规律看，春季土壤化冻后，土壤水分向上移动，土质疏松，操作省工。北方多春旱，翻后需及时灌水。早春多风地区，蒸发量大，深翻过程中应及时覆盖根系，免受旱害。风大干旱缺水和寒冷地区，不宜春翻。

（3）夏季深翻。最好在根系前期生长高峰过后、北方雨季来临前后进行。深翻后，降雨可使土粒与根系密接，不致发生吊根或失水现象。夏季深翻伤根容易愈合。雨后深翻，可减少灌水，土壤松软，操作省工。但夏季深翻如果伤根过多，易引起落果，故一般结果多的大树不宜在夏季深翻。

（4）冬季深翻。入冬后至土壤上冻前进行，操作时间较长。但要及时盖土以免冻根。如墒情不好，应及时灌水，使土壤下沉，防止冷风冻根。北方寒冷地区一般不进行冬翻。

2. 深翻深度 深翻深度以核桃树主要根系分布层稍深为度，并考虑土壤结构和土质。如山地土层薄，下部为半风化的岩石，或滩地在浅层有砾石层或黏土夹层，或土质较黏重等，深翻的深度一般要求达到 80～100 厘米。

3. 深翻方式 深翻方式较多，应根据果园的具体情况灵活运用。一般小树根量较少，一次深翻伤根不多，对树体影响不大。成年树根系已布满全园。以采用隔行深翻为宜。深翻要结合灌水，也要注意排水。山地果园应根据坡度及面积大小等决定，以便于操作、有利于核桃生长为原则。常用的深翻方式主要有以下几种。

（1）全园深翻。一般应在建园前或幼树期全园深翻一次。深度在 80～100 厘米。全园深翻用工量大，但深翻后便于平整土地和以后的操作。

（2）行间深翻。行间深翻对核桃根系伤害较小，每年在每行树冠投影以外开深度在 60～80 厘米的沟，埋入秸秆等有机肥。也可隔行深翻即隔一行翻一行，下一年再翻另一行。这样工作量比全园深翻小。山地和平地果园因栽植方式不同，深翻方式也有差别。等高撩壕的坡地果园和里高外低梯田果园，第一次先在下半行给以较浅的深翻施肥，下一次在上半行深翻把土压在下半行上，同时施有机肥料。这种深翻应与修整梯田等相结合。平地果园可随机隔行深翻，分两次完成。每次只伤一侧根系，对核桃生育的影响较小。行间深翻便于机械化操作。

（3）深翻扩穴。深翻扩穴又称为放树窝子。幼树栽植后，根据根系生长情况，逐年向外深翻，扩大定植穴，直至株行间全部翻遍为止。每次深翻范围小，需 3～4 次才能完成全园深翻。每次深翻可结合施有机肥料于沟底。这样用工少，适合劳动力较少的果园，但需要几年才能完成。

（二）压土与掺沙

压土与掺沙是常用的土壤改良方法，具有改良土壤结构、改善根际环境、增厚土层等作用。压土的方法是把土块均匀分布全园，经晾晒打碎，通过耕作把所压的土与原来的土壤逐步混合起来。压土量视植株大小、土源、劳动力等条件而定。但一次压土不宜太厚，以免影响根系生长。

北方寒冷地区一般在晚秋初冬进行，可起保温防冻的作用。压土掺沙后，土壤熟化、沉实，有利于核桃生长发育。

压土厚度要适宜，过薄起不到压土作用，过厚对核桃生育不利，"沙压黏"或"黏压沙"时一定要薄一些，不要超过 10 厘米；压半风化石块可厚些，但不要超过 15 厘米。连续多年压土，土层过厚会抑制核桃根系呼吸，从而影响核桃生长和发育，造成根颈腐烂，树势衰弱。压土、掺沙应结合增施有机肥，并进行深翻，使新旧土、沙土混匀。

（三）中耕除草

中耕和除草是核桃园土壤管理中经常采用的两项紧密结合的技术措施，中耕是除草的一种方式，除草也是一种较为简单的中耕。

中耕的主要作用：改善土壤温度和通气状况，消灭杂草，减少养分、水分竞争，造就深、松、软、透气和保水保肥的土壤环境，以促进根系生长，提高核桃园的生产能力。中耕在整个生长季中可进行多次。中耕次数应根据当地气候特点、杂草多少而定，在杂草出苗期和结籽前进行除草效果较好，能消灭大量杂草，减少除草次数。在早春解冻后，及时耕耙或浅刨全园，并结合镇压，以保持土壤水分，提高土温，促进根系活动。秋季可进行深中耕，使干旱地核桃园多蓄雨水，涝洼地核桃园可散墒，防止土壤湿度过大及通气不良。中耕的深度，一般 6～10 厘米，过深伤根，对核桃树生长不利，过浅起不到中耕应有的作用。

除草，在不需要进行中耕的果园，也可单独进行。杂草不但与核桃树竞争养分和阳光，有的还是病菌的中间寄主和害虫的栖息地，容易导致病虫害蔓延。因此，需要经常进行除草工作。除草宜选择晴天进行。

（四）生草栽培

除树盘外，在核桃树行间播种禾本科、豆科等草种的土壤管理方法称为生草法。在土壤水分条件较好的果园，可以采用生草法。选择优良草种，关键时期补充肥水，刈割覆于地面。在缺乏有机质、土层较深厚、水土易流失的果园，生草法是较好的土壤管理方法。

生草后土壤不进行耕锄，土壤管理较省工。生草可以减少土壤冲刷，遗留在土壤中的草根，增加了土壤有机质，改善土壤理化性状，使土壤能保持良好的团粒结构。在雨季，草类可以用掉土壤中过多的水和养分；在冬季，草枯死腐烂后又将养分释放到土壤中供核桃树利用，因此，生草可提高核桃树肥料利用率，促进果实成熟和枝条充实，提高果实品质。生草还可提高核桃树对钾和磷的吸收，减少核桃缺钾、缺铁症的发生。

长期生草的果园易使表层土板结，影响通气。草根系强大，且在土壤上层分布密度大，截取渗透水分，并消耗表土层氮素，与核桃争夺水肥的矛盾加大，导致核桃根系上浮，因此要加以控制。果园采用生草法管理，可通过调节割草周期和增施矿质肥料等措施，如一年内割草 4～6 次，每亩增施 5～10 千克硫酸铵，并酌情灌水，则可减轻与核桃争肥争水的弊病。

果园常用草种有三叶草、紫云英、黄豆、苕子、毛野豌豆、苦豆子、山绿豆、山扁豆、地丁、鸡眼草、草木犀、鹅冠草、黑麦草、野燕麦等。豆科和禾本科混合播种，对改良土壤有良好的作用。选用窄叶草可节省水分，一般在年降水量 500 毫米以上，且分布不十分集中的地区，即可试种。在生草管理中，当出现有害草种时，需翻耕重播。

（五）核桃园覆盖

在核桃需肥水最多的生长前期保持清耕，后期或雨季种植覆盖作物，待覆盖作物成长后，适时翻入土壤中作绿肥，这种方法称为清耕覆盖法。它是一种比较好的土壤管理办法，兼有清耕法与生草法的优点，同时减轻了二者的缺点。如前期清耕可熟化土壤，保蓄水分养分，满足核桃需求，具有清耕法管理土壤的优点；后期播种间作物，可吸收利用土壤中过多的水肥，有利于果实成熟，提高品质，并可以防止水土流失，增加有机质，则具有生草法的某些优点。

果园覆盖，就是用秸秆，包括小麦秆、油菜秆、玉米秆和稻草等农副作物和野草，或薄膜覆盖果园的方法。在果园进行覆盖，能增加土壤中的有机质含量，调节土壤温度（冬季升温、夏季降温），较少水分的蒸发与径流，提高肥料利用率，控制杂草生长，避免秸秆燃烧对环境造成的污染，提高果品品质。

覆草，一年四季都可进行，但以夏末秋初为好。覆草前应适量追施氮肥，随后及时浇水或趁降雨追肥后覆盖。覆草厚度以15～20厘米为宜，为了防止大风吹散草或引起火灾，覆草后要斑点状压土，但切勿全面压土，以防造成通气不畅。覆草后逐年腐烂减少，要不断补充新草。平地和山地果园均可采用。

地膜覆盖，具有增温保温、保墒提墒、抑制杂草等功能，有利于核桃的生长发育。尤其是新栽幼树，覆膜后成活率提高，缓苗期缩短，越冬抗寒能力增强。覆膜时期一般选择在早春进行，最好是春季追肥、整地。浇水，或降雨后趁墒覆膜。覆膜时，膜的四周用土压实，膜上斑斑点点的压一些土，以防风吹和水分蒸发。

（六）核桃园间作

在适宜的范围内，间作套种，可经济利用土地，充分利用日光能，增加产值，减少杂草，随间作物的耕作，可增加土壤肥力，改善土壤性能，给果树创造良好的生长发育条件，达到以短养长，果、粮双丰收的目的。

合理间作既充分利用光能，又可增加土壤有机质，改良土壤理化性状。如间作大豆，除收获大豆外，遗留在土壤中的根、叶，每亩地可增加有机质约17.5千克。利用间作物覆盖地面，可抑制杂草生长，减少蒸发和水土流失，还有防风固沙作用，缩小地面温变幅度，改善生态条件，有利于核桃的生长发育。

果粮间作的核桃园地，应留足核桃树生长的营养带，在设计范围内进行耕作和种植。如山地果粮间作，可沿着梯田埂边，每隔4～6米栽植1株，梯田面宽的每台1行；梯田面窄的，可隔1台栽1行，在行间空地种植间作物。梯田地的果粮间作，核桃树既可充分利用埂边优越的风光条件生产优质果，又能利用核桃树强大的根系，保护梯田壁；树冠具有降低风速、改变农田小气候的防护林作用，使作物增产，获得果、粮双丰收。

幼园核桃树体间空地较多可间作。间作可形成生物群体，群体间互相依存，还可改善微区气候，有利于幼树生长，并可增加收入、提高土地利用率。

盛果期核桃园，在不影响核桃树生长发育的前提下，也可种植间作物。种植间作物的同时，应加强树盘肥水管理。尤其是在作物与核桃树竞争养分剧烈的时期，要及时施肥灌水。

间作物要与树保持一定距离。尤其是播种多年生牧草，更应注意。因多年生牧草根系强大，应避免其根系与树根系交叉，加剧争肥争水的矛盾。间作物植株矮小，生育期较短，适应性强，与树需水临界期最好能错开。在北方没有灌溉条件的果园，耗水量多的宽叶作物（如大豆）可适当推迟播种期。间作物要求与树没有共同病虫害、比较耐阴和收获较早等。

无论哪种间作物，都不宜连续种植，以免造成土壤中某种营养元素缺乏，导致树体缺素症的发生，或者招致某种病虫害流行和增殖，危害核桃树的生长和结果。为了避免间作物连作所带来的不良影响，需根据各地具体条件制订间作物的轮作制度。轮作制度因地而异，以选中耕作物轮作较好。间作物的种植要适度，不可贪图眼前利益而影响整园核桃树的生长和发育。

二、施肥技术

核桃树定植后，终生要在一个固定的土壤范围内生长，完成它的生命周期，并从这些土壤中吸收生长发育所必需的各种营养元素。这些营养元素主要来源于土壤本身和人工施肥，但土壤本身的营养元素逐年减少，所以核桃树生长发育所必需的各种营养元素主要依靠施肥而获得。在实际的核桃生产管理中经验施肥、参照施肥、随意施肥及不施肥等施肥不合理的问题普遍存在，造成施肥不足或过量，达不到精准施肥标准，严重制约了核桃产业的健康发展。造成这一现象的重要原因之一：尚未制定出全面有效、统一的施肥标准。氮、磷、钾是果树生长发育过程中所必需的大量元素。目前，国内外已经在苹果、柑橘、桃等主要果树上进行了施肥量与果树生长和果实品质相关研究，发现施用适量的氮、磷、钾肥能够促进果树花芽分化、提高坐果率、增加平均单果重等。

（一）肥料种类

肥料可分为有机肥和化学肥料两种。有机肥是有机物料经过堆积、腐熟而成，如厩肥、堆肥等可作基肥。能够在较长时间内持续供给树体生长发育所需要的养分，并能在一定程度上改良土壤性质。化肥以速效性无机肥料为主，根据树体需要，在核桃生长期施入，以补充有机肥料的不足。其主要作用是满足某一生长阶段核桃对养分的大量需求。

1. 有机肥 有机肥泛指含有机质的肥料，包括了人粪尿、牛厩肥、羊厩肥、猪厩肥、鸡粪等（表5-1）。有机肥属完全肥料，它不但含有植物生长所需的多种营养元素，而且含丰富的有机质，它能较长时间稳定地供给树体生长发育对养分的需求（表

5-2)，并能有效地改良土壤。

表 5-1　主要农家肥料的种类、成分

肥料种类	成分（%）				
	水分	有机物	氮（N）	磷（P_2O_5）	钾（K_2O）
人粪尿			0.5～0.8	0.2～0.4	0.2～0.3
猪厩肥	80 以上	5～10	0.45	0.19	0.60
马厩肥	72.4	25.0	0.58	0.28	0.53
牛厩肥	71.3	25.4	0.34	0.16	0.40
羊圈肥	77.5	20.3	0.83	0.23	0.67
鸡粪	64.6	31.8	1.63	1.54	0.85
鸭粪	50.5	25.5	1.10	1.40	0.62
鸽粪	56.6	26.2	1.76	1.78	1.00
堆肥	51.0	30.8	0.4～0.5	0.18～0.26	0.45～0.70
草木灰	60～75	15～25	—	0.59～3.41	5.92～12.4
麦灰			0.50	0.20	0.60
玉米秆			0.60	1.40	0.90

　　有机肥虽有以上优点，但其养分含量低，肥效缓慢，不能满足树体不同发育阶段对某种养分的强烈要求。因此，在施肥上应以有机肥为基础，与无机肥配合使用。

表 5-2　主要肥料的肥效速度

肥料种类	各年肥效（%）			开始发挥肥效时间（天）
	第一年	第二年	第三年	
人粪	75	15	10	10～12
马粪	40	35	25	15～20
羊粪	45	35	20	15～20
牛粪	25	40	35	15～20
猪粪	45	35	25	15～20
鸡粪	65	25	10	10～15

（续）

肥料	各年肥效（%）			开始发挥肥效时间
种类	第一年	第二年	第三年	（天）
草木灰	75	15	10	15 天左右
硝铵	100	0	0	5 天左右
尿素	100	0	0	7～8
硫酸铵	100	0	0	3～7
过磷酸钙	45	35	20	8～10

土壤肥力的高低就是营养供给水平的高低，土壤肥力的高低主要在于土壤结构。在壤土中，有机质含量高的土壤肥力则高，否则则低。可见，在一定范围内，土壤有机质的含量水平决定了土壤肥力的水平。土壤有机质是植物和微生物营养物质的主要来源，有机质经过微生物矿化作用，释放植物营养元素，供给植物和微生物生活的需要。微生物在分解有机质的过程中，取得生命活动所需要的能量，同时产生二氧化碳供给植物碳素营养。

有机质有改良土壤物理性质的作用，首先是促进了团粒结构的形成，从而可以调节土壤中的养分、水分和空气之间的矛盾，为植物生长发育创造了所需要的良好条件；有机质分解后形成了腐殖质，它是一种有机胶体，具有巨大的吸收代换能力和缓冲性能，可有效地保存土壤速效营养，不致损失与固定，保持土壤酸碱度的稳定，对土壤物理化学性质有明显的影响，从而在调节土壤供肥性能及土壤酸度等方面起着重要的作用；有机质分解后产生各种酸类，对矿物岩石均有不同程度的分解能力，其中富啡酸对矿物岩石分解能力很强，能引起矿物岩石深刻的解体，形成次生黏土矿物和释放出植物的营养元素；有机质为暗色物质，吸热能力很强，可提高土温，改善土壤的热状况，对于微生物的活动，根系的生长均有明显的促进作用；有机质多的土壤蓄水保肥力强，因它疏松多孔，又是亲水胶体，所以能吸收更多的水分，如黏土颗粒的吸水率一般为 50％～60％，而腐殖质的吸水率为 500％～600％，它的保肥能力也是黏土的 6～10 倍。

我国果园土壤有机质普遍偏低，大部分土壤有机质不足 1％。要提高土壤有机质主要依靠有机肥的施用。有机肥也称为农家肥，是农村中利用人畜禽粪便、杂草、秸秆等有机物质就地取材、就地积存的肥料。有机肥料种类多、来源广、营养成分全面，是果园的基础肥料。

有机肥大多含有丰富的有机质、腐殖质及果树所需的各种大量和微量元素。但由于其许多养分以有机态存在，其营养释放缓慢，但是肥效持久，要经过微生物发酵分解，才能为果树吸收利用。我国果园土壤中有机质含量严重不足，增加有机肥施用，不仅能供给果树各种元素，增加土壤肥力，还能改良土壤机构，改善根系环境。

（1）粪肥。粪肥是人粪尿、畜禽粪的总称。富含有机质和各种营养元素，其中人粪尿含氮较高，肥效较快，可作追肥、基肥使用，但以基肥最好。人粪尿不能与草木灰等碱性肥料混合，以免造成氮素损失。畜粪分解慢，肥效迟缓，宜作基肥。禽粪主要以鸡粪为主，氮、磷、钾及有机质含量均较高，宜作基肥和追肥。由于新鲜鸡粪中的氮主要以尿酸盐类存在，不能被植物直接吸收利用，因此，用鸡粪作追肥时，应先堆积腐熟后使用。鸡粪在堆积腐熟过程中，易发高温，造成氮素损失，应作好盖土保肥工作。利用人畜粪尿进行沼气发酵后再作肥料使用，即可提高肥效，又可杀菌消毒。

（2）土杂肥。土杂肥是指炕土老墙土、河泥垃圾等，这些肥料含有一定数量的有机质和各种养分，有一定的利用价值，均可广泛收集利用。

（3）堆肥。堆肥是以秸秆、杂草、落叶等为主要原料进行堆制利用微生物的活动使之腐解而成。堆肥营养成分全，富含有机质，为迟效肥料，有促进土壤微生物的活动和培肥改土的作用，宜作基肥。

（4）绿肥。绿肥是苜蓿等绿肥植物刈割后翻耕或沤制而成，其富含有机质及各种矿质元素，长期栽种绿肥既有利于提高土壤有机质含量，还可改良土壤。

绿肥沤制时应先将鲜草铡成小段，混入 1％过磷酸钙（即 100 千克绿肥加 1 千克过磷酸钙），将绿肥和土相间放入坑内，踏实，灌入适量的水，最上层用土封严，待腐烂后开环沟或放射沟施于树下。也可趁雨季湿度大时压青，因为绿肥作物的分解一般要求在厌氧状态和一定湿度条件下进行，所以必须在土壤湿度条件较好时压青。压青的方法是将刈割后的绿肥像施用有机肥的方法（在树盘外延挖沟）压在树下土中，一般初果期果树压铡碎的鲜茎叶 25～50 千克，压青时也要混入 1％过磷酸钙。压青时务必一层绿肥与一层土相隔（切忌绿肥堆积过厚，以免绿肥发生腐烂时发热烧伤根系）并加以镇压，湿度不够应灌水。

2. 化学肥料　化学肥料又称为商品肥料或无机肥料。与有机肥料相比，其特点是成分单一，养分含量高，肥效快，一般不含有机质并具有一定的酸碱反应，贮运和使用比较方便。化学肥料种类很多，一般可根据其所含养分、作用、肥效快慢、对土壤溶液反应的影响等来进行分类。按其所含养分可划分为氮肥、磷肥、钾肥和微量元素肥料。其中，只含有一种有效养分的肥料称为单质化肥，同时含有氮磷钾三要素中两种或两种以上元素的肥料称为复合化肥。

（1）氮肥。品种比较多，按其特性大致可分为铵态氮肥、硝态氮肥、硝-铵态氮肥、酰胺态氮肥四大类。常用氮肥有以下几种。

①碳酸氢铵。碳酸氢铵（NH_4HCO_3）含氮为 17％，碳酸氢铵生产工艺简单，成本低，是我国小型化肥厂的主要产品，易溶于水，为速效型氮肥，除含氮外，施入土壤后分解释放的二氧化碳有助于碳素同化作用，是一种较好的肥料。但是碳酸氢铵不稳

定，在高温和潮湿空气中极易分解，挥发散失氮素，应在干燥阴凉处贮存，用时有计划开袋，随用随开。碳酸氢铵适于各种土壤，可作追肥或基肥。旱地施用必须深施盖土，随施随盖，及时浇水，这是充分发挥碳酸氢铵肥效的重要环节，在石灰性、碱性土上尤应注意。碳酸氢铵不能与碱性肥料混合施用，干施时不能与潮湿叶面接触，以免叶片灼伤受害，也不能在烈日当头的高温下施用。

②尿素。尿素 $[CO(NH_2)_2]$ 含氮量为 $44\% \sim 46\%$，是固体氮肥中浓度最高的一种。贮运时宜置凉爽干燥处，防雨防潮。尿素为中性肥料，长期施用对土壤没有破坏作用。尿素态氮在转化为碳酸铵前，不易被土壤胶粒等吸附，容易随水流失，转化后，氮素易挥发散失；转化时间因温、湿度而异，一般施入土内 $2 \sim 3$ 天最多半月即可大部分转化，肥效较其他氮肥略迟，但肥效较长。尿素转化后产生的碳酸有助于碳素同化作用，也可促进难溶性磷酸盐的溶解，供树体吸收、利用。尿素适于各种土壤，一般作追肥施用，注意施匀，深施盖土，施后可不急于灌水，尤其不宜大水漫灌，以免淋失。尤宜作根外追肥用，但缩二脲超过 2% 的尿素易产生毒害，只宜在土壤中施用。

③硝酸铵。硝酸铵（NH_4NO_3）含氮量为 $34\% \sim 35\%$，铵态氮和硝态氮各约占一半，养分含量高，吸湿性强，有助燃性和爆炸性，贮存时宜置凉处，注意防雨防潮，不要与易燃物放在一起，结块后不要用铁锤猛敲。为生理中性肥料。肥效快，在土壤水分较少的情况下，作追肥比其他铵态氮肥见效快，但在雨水多的情况下，硝态氮易随水流失。硝酸铵适于各种土壤，宜作追肥用，注意"少量多次"施后盖土。如果必须用作基肥时，应与有机肥混合施用，避免氮素淋失，增进肥效。

④硫酸铵。硫酸铵 $[(NH_4)_2SO_4]$ 易溶于水，肥效快。为生理酸性肥料，施入土后，铵态氮易被作物吸收或吸附在土壤胶粒上，硫酸根离子则多半留在土壤溶液中，在酸性土中长期

施用会提高土壤酸性，在中性土中长期施用，则会形成硫酸钙堵塞孔隙，引起土壤板结，因此，在保护地果树栽培中忌用此肥以防土壤盐渍化。宜作追肥，注意深施盖土，及时灌水。不能与酸性肥料混用，在石灰土壤中配合有机肥施用，可减少板结现象。

⑤氨水。氨水（NH_4OH）含氮 $16\%\sim17\%$。挥发性强，有刺激性气味，挥发出的氨气能灼伤植物茎、叶。呈碱性反应，对铜等腐蚀性强。贮运时要注意防渗漏、防腐蚀、防挥发。可作追肥或基肥。施用时，应尽快施入土内，避免直接与果树茎、叶接触。可兑水 $30\sim40$ 倍，开沟施 $10\sim15$ 厘米，施用后立即覆土，也可用 50 份细干土、圈粪或风化煤等与 1 份氨水混合，然后撒施浅翻。

（2）磷肥。根据所含磷化物的溶解度可分为水溶性磷肥、弱酸性磷肥和难溶性磷肥等 3 类：水溶性磷肥有过磷酸钙等，能溶于水，肥效较快；弱酸性磷肥有钙镁磷肥等，施入土壤后，能被土壤中的、作物根系分泌的酸逐渐溶解而释放为果树吸收利用，肥效较迟；难溶性磷肥有磷矿粉、骨粉等，一般认为只有在较强的酸中才能溶解，施入土中，肥效慢，后效较长。

磷肥中的磷酸盐溶到土壤水分中后，如果未被作物吸收，就有被土壤固定的可能，在碱性或石灰性强的土壤中，易转化成不易被植物根系直接利用的磷酸钙或磷酸镁。磷肥在土壤中移动性小，施在哪里就几乎停在哪里，这些都影响磷肥的有效性。采用集中施、分层施，作基肥深施到根系集中分布层，与有机肥混合或堆沤后施用，可以减少土壤对水溶性磷的固定，提高磷肥肥效。磷肥只有与充足的氮肥及有机肥料配合使用，才能达到应有的效果。常用磷肥有以下几种。

①过磷酸钙。过磷酸钙含磷 $12\%\sim18\%$，有吸湿性和腐蚀性，受潮后结块，呈酸性。不宜与碱性肥料混用，以免降低肥效。为水溶性速效磷肥，可作追肥用，但最好用作基肥。加水浸

取出的澄清液可作磷素根外追肥用。

②磷矿粉。磷矿粉由磷矿石直接磨制而成。为难溶性磷肥，有效磷含量不高，因此施用量要比其他磷肥大 3～5 倍，但后效较长，往往第二年的肥效大于第一年的肥效，为了提高磷矿粉肥效，最好与有机肥料混合堆沤后再施，或与酸性、生理酸性肥料混合施用。宜作积肥，集中深施。

（3）钾肥。常用的钾肥包括以下几种。

①硫酸钾。硫酸钾（K_2SO_4）含氧化钾 48%～52%，易溶于水。为生理酸性肥料，同硫酸铵一样长期施用残留的硫酸根会使酸性土酸性增加、石灰性土可能引起板结，不宜长期在保护地果树上运用。可作基肥或追肥，但钾在土壤中移动性小，一般多作基肥或早期追肥，开沟、开穴深施至根系大量分布层，以提高肥效。

②氯化钾。氯化钾（KCl）含氧化钾 50%～60%，易溶于水，易吸潮结块，宜置高燥处贮存。施用方法与硫酸钾近似，但由于含有氯不易在盐渍土施用，也不易在忌氯作物（马铃薯、烟草、葡萄等）上施用，在苹果上长期施用，会提高土壤酸性。

③草木灰。草木灰是柴草燃烧后的残渣，成分比较复杂。以钙、磷、钾为主，一般草木灰中含氧化钾（K_2O）6%～25%，含磷酸（P_2O_5）3%～5%，含石灰（CaO）30%。习惯上把草木灰当钾肥看待。实际上是一磷钾为主的无机肥料。草木灰中的钾多以磷酸钾形式为主可占全钾量的 90%。还有少量硫酸钾和氯化钾，磷为弱酸溶性，钙以氧化钙形式存在。都易被作物吸收利用。因此，草木灰是一种速效肥料。草木灰里的养分易溶于水、比重小，草木灰易随风飞扬散失，在保管过程中要单存，避免雨淋、水泡、风吹，不要与粪尿混合。草木灰施入土壤后，钾可直接被作物吸收或被土壤胶体吸附，施入后不会流失。开始施入时能引起土壤变碱，但当其中的钾被作物吸收或土壤吸附后，碱性又会逐渐降低。草木灰一般土壤都可施用，只对盐碱土不宜施

用，可作基肥、追肥，亦可用浸出液进行根外追肥，施肥方法与硫酸钾相同；但不宜与铵态氮肥、尿素、人粪尿、过磷酸钙等混合施用。

（4）复（混）合肥料。复（混）合肥料是指含有氮磷钾三要素中的两个或两个以上的化学肥料。它主要优点是能同时供应作物多种速效养分，发挥养分之间的相互促进的作用；物理性质好，副成分少，易贮存，对土壤不良影响也小。复混肥料品种多，成分复杂，性质差异大。以下介绍几种常用的复合肥料和混合肥料的成分和性质。

①硝酸磷肥。硝酸磷肥是二元氮磷复合肥料，有效养分含量一般有两种：20-20-0 和 26-13-0。硝酸磷肥的主要成分是硝酸铵（NH_4NO_3）、硝酸钙 $[Ca(NO_3)_2]$、磷酸一铵（$NH_4H_2PO_4$）、磷酸二铵 $[(NH_4)_2HPO_4]$、磷酸一钙 $[Ca(H_2PO_4)_2]$、磷酸二钙（$CaHPO_4$）。硝酸磷肥呈深灰色，中性，吸湿性强，易结块，应注意防潮。肥料中非水溶性和硝态氮，约各占磷、氮总量的一半。硝态氮不被土壤吸附，易随水流失，施在旱地往往比水田好；在严重缺磷的旱地土壤上，应选用高水溶率（P_2O_5 水溶率大于 50%）的硝酸磷肥。宜作基肥或早期追肥。

②磷酸铵。磷酸铵实际上是磷酸二铵 $[(NH_4)_2HPO_4]$ 和磷酸一铵（$NH_4H_2PO_4$）的混合物，为二元氮磷复合肥料。磷酸二铵养分为 18-46-0，磷酸一铵养分为 12-52-0。成品磷酸二铵中含有少量磷酸一铵。磷酸铵是白色颗粒，易溶于水，呈中性，性质稳定，磷素几乎均为水溶性的。磷酸二铵性质较稳定，白色或灰白色，易溶于水，偏碱性，吸湿性小，结块易打散；磷酸一铵性质稳定，偏酸性，适于作基肥。因肥料中磷是氮的 3～4 倍，果树施用时要配合单元氮肥。磷酸铵是生产混合肥料的一种理想的基础肥料。

③磷酸二氢钾。磷酸二氢钾分子式为 KH_2PO_4。工业上纯净的磷酸二氢钾的养分含量为 0-52-35，农用的一般为 0-24-27，是

二元磷钾复合肥料。农用的磷酸二氢钾为白色结晶，易溶于水，吸湿性小，不易结块，溶液呈酸性反应（pH＝3～4）。由于磷酸二氢钾价格较贵，目前多用于叶面喷施。

④硝酸钾。硝酸钾也称为钾硝石，俗名火硝，分子式为KNO_3，养分含量13-0-46，是一种低氮高钾的二元氮钾复合肥料。硝酸钾呈白色结晶体，吸湿性小，不易结块，副成分少，易溶于水，为中性反应。它含硝态氮，易流失。硝酸钾与易燃物接触，在高温下易引起燃烧爆炸，贮存是应予注意。

⑤铵磷钾肥。铵磷钾肥是磷酸铵、硫酸铵和硫酸钾按不同比例混合而成，养分含量有12-24-12（S）、10-20-15（S）、10-30-10（S）等多种，是三元氮磷钾混合肥料。现在也有在尿素磷酸铵，或氯铵磷酸铵，或氯铵普钙的混合物中再加氯化钾，制成含单氯或双氯的三元氮磷钾混合肥料，但不能用在忌氯果树上。铵磷钾肥的物理性状良好，易溶于水，易被作物吸收利用。它以作基肥为主，也可作早期追肥。不含氯的混合肥料，目前主要用在烟草、果树等忌氯作物上，施用时可根据需要，选用其中一种适宜的养分比例，或在追肥时用单质氮肥进行调节。

⑥硝酸钾肥。硝酸钾肥由硝酸铵、磷酸铵、硫酸钾或氯化钾等组成。养分含量一般为10-10-10（S）、15-15-15（Cl）、12-12-17（S）等形式，是三元氮磷钾复合肥料。它是在制造硝酸磷肥的基础上，添加硫酸钾或氯化钾后制成。生产时可按需要选用不同比例的氮、磷、钾。硝磷钾肥呈淡褐色颗粒，有吸湿性，磷素中有30％～50％为水溶性。不含有氯离子的氮磷钾肥，如现在山东推广的12-12-17（S）-2（其中2为2％的镁），已成为果树产区的专用肥料，作为果树基肥和早期追肥，增产和提高品质的效果显著，亩用量100～200千克。

（二）施肥时期

肥料的施用时期与肥料的种类和性质、肥料的施用方法、土壤条件、气候条件、果树种类和生理状况有关。一般的原则是及时满足果树需要，提高肥料利用率，尽量减少施肥次数而节省劳力。

1. 有机肥的施用时期　有机肥施用最适宜时期是秋季（采果后至落叶前 1 个月），其次是落叶至封冻前及春季解冻至发芽前。秋施基肥能有充足的时间腐熟，并使断根愈合发出新根，因为此时正是根的生长高峰期，根的吸收力较强，吸收后可以提高树体的贮藏营养水平。树体较高的营养贮备和早春土壤中养分的及时供应，可以满足春季发芽展叶、开花、坐果和新梢生长的需要。而落叶后和春季施基肥，肥效发挥作用的时间晚，对果树早春生长发育的作用很小，等到肥料被大量吸收利用时，往往就到了新梢的旺长期。山区干旱又无水浇条件的果园，因施用基肥后不能立即灌水，所以，基肥也可在雨季趁墒施用。但有机肥一定要充分腐熟，施肥速度要快，并注意不伤粗根。

2. 化肥的施用时期　核桃树作为多年生植物，贮藏营养水平的高低对其生长发育特别重要，因此应重视基肥，时间是在 9 月下旬。施肥种类以有机肥为主，配合施氮、磷、钾化肥，有微量元素缺乏症的园片可在此时补充。此期化肥施用量占全年施用量的 2/5。

追肥一般每年进行 2～3 次，第一次在核桃开花前或展叶初期进行，以速效氮为主。主要作用是促进开花坐果和新梢生长。追肥量应占全年追肥量的 50%。第二次在幼果发育期（6 月），仍以速效氮为主，盛果期树也可追施氮、磷、钾复合肥料。此期追肥主要作用是促进果实发育，减少落果，促进新梢的生长和木质化程度的提高及花芽分化，追肥量占全年追肥量的 30%。第三次在坚果硬核期（7 月），以磷、钾复合肥为主，主要作用是供给核桃仁发育所需的养分，保证坚果充实饱满。此期追肥量占全年追肥量的 20%。

（三）施肥标准

适宜施肥量的确定是一个十分复杂的问题，牵涉计划产量、土壤类型和养分含量、肥料种类及利用率、气候因素等。平衡施肥是果树发展的方向，平衡施肥的关键是估算施肥量。施肥量的估算方法有地力分区（分级）法、目标产量法和肥料效应函数法等。

1. 地力分区（分级）法 这一方法是按土壤肥力高低分成若干等级，或划出一个肥力均等的田块，作为一个配方区，利用土壤普查资料和过去的田间试验结果，结合群众经验，估算出这一配方区内比较适宜的肥料种类和施用量。

这一方法的特点比较简单粗放，便于应用，但有一定的地域局限性，只适用于那些生产水平差异小、基础较差的地区。

2. 目标产量法 这一方法是根据核桃产量，由土壤和肥料两个方面供给养分的原理来计算施肥量，这一方法应用最为广泛，其基本估算方法如下：

计划施肥量（千克）＝

$$\frac{果树计划产量所需养分总量（千克）－土壤供肥量（千克）}{肥料养分含量（\%）\times 肥料利用率（\%）}$$

果树计划产量所需养分总量（千克）＝（果树计划产量/100）×形成100千克经济产量所需养分的数量

肥料利用率＝

$$\frac{施肥区果树体内该元素的吸收量－不施肥区果树体内该元素的吸收量}{所施肥料中该元素的总量}\times 100\%$$

土壤养分供给量（千克）＝土壤测定值（毫克/千克）×0.15×矫正系数

矫正系数（即果树对土壤养分的利用率）＝

$$\frac{空白区产量\times 果树单位产量的吸收量}{土壤养分测定值（毫克/千克）\times 0.15}$$

式中，0.15 为土壤测定值（毫克/千克）换算成每亩土壤养分含量的（千克）的换算系数。

在应用计划施肥量计算公式时，应从实际出发，按产供肥，不能以肥定产；还需指出应加强其他管理措施，使施肥与水分管理、病虫害防治等农业措施相互配套应用；肥料利用率受施肥时期、施肥量、释放方法和肥料种类的影响，在目前一般的栽培管理水平下，果园化学肥料氮肥的利用率一般为 15%～30%，磷肥的利用率为 10%～15%，钾肥的利用率为 40%～70%，有机肥的利用率较低，一般腐熟较好的厩肥或泥肥利用率在 10%以下。

确定施肥量的主要依据是土壤的肥力水平，核桃生长状况及不同时期核桃对养分的需求变化等。一般幼树需氮较多，对磷、钾肥的需求量较少。进入结果期后，对磷、钾肥的需求量增加。所以，幼树以施氮肥为主，成年树在施氮肥的同时，注意增施磷、钾肥。具体施肥量可参照表 5-3。早实核桃一般从第二年开始结果，为确保营养生长与产量的同步增长，施肥量应高于晚实核桃。根据近年来早实核桃密植丰产园的施肥经验，初步提出一至十年生树每平方米冠幅面积年施肥量为：氮肥 50 克，磷、钾肥各 20 克，有机肥 5 千克。成年树的施肥量可根据具体情况，并参照幼年树的施肥量决定，注意适当增加有机肥和磷、钾肥的用量。

表 5-3　晚实核桃树施肥量标准

时期	树龄（年）	每株树平均施肥量（有效成分）（克）			有机肥（千克）
		氮	磷	钾	
幼树期	1～3	50	20	20	5
	4～6	100	40	50	5
结果初期	7～10	200	100	100	10
	11～15	400	200	200	20

（续）

时期	树龄（年）	每株树平均施肥量（有效成分）（克）			有机肥（千克）
		氮	磷	钾	
盛果期	16～20	600	400	400	30
	21～30	800	600	600	40
	＞30	1 200	1 000	1 000	＞50

（四）施肥方法

1. 土壤施肥方法

（1）环状沟施肥。特别适用于幼树施基肥，方法为在树冠外沿 20～30 厘米处挖宽 40～50 厘米、深 50～60 厘米（追肥时深度为 20～30 厘米）的环状沟，把有机肥与土按 1∶3 的比例及一定数量的化肥掺匀后填入（图 5-1A）。随树冠扩大，环状沟逐年向外扩展。此法操作简便，但易挖断水平根，且施肥范围小，适用于四年生以下的幼树。

（2）条状沟施肥。在树的行间或株间或隔行开沟施肥，沟宽 40～50 厘米，沟深 30～40 厘米，此法适于密植园施基肥（图 5-1B）。如在树冠外沿相对两侧开沟，沟长随树冠大小而定，第二年的挖沟位置可调换到另两侧。

（3）辐射状施肥。从树冠边缘处向里开 50 厘米深、30～40 厘米宽的条沟（行间或株间），或从距干 50 厘米处开始挖放射沟，内膛沟窄些、浅些（约 20 厘米深，20 厘米宽），冠边缘处宽些、深些（约 40 厘米深，40 厘米宽），每株 3～6 条沟，依树体大小而定。然后将有机肥、轧碎的秸秆、土（沙土地填充一些黏土，黏土园填一些沙或砾石）混合，根据树体大小可再向沟中追加适量尿素（一般 50～100 克，或浇人粪尿）、磷肥，根据土壤养分状况可再向沟中选择加入适量的硫酸亚铁、硫酸锌、硼砂等元素，然后灌水，最好再结合覆草或覆膜（图 5-1C）。沟中透气性好，养分富足且平衡，而且在大量有机质存在的前提下，微量元素、磷的有效率高，有机质、秸秆还可以作为肥水的载体，使穴中保肥保水、供水供肥力强，肥水稳定，就好像形成了一个大的团粒，为沟中根系创造了最佳的环境条件。在追肥时也可开浅沟，沟长度与树的枝展相同，深度 10～15 厘米，将肥料均匀撒入沟中并与土掺匀，切忌施用大块化肥，以免烧根，然后覆土浇水，也可雨后趁墒情好时追化肥。

图 5-1　施肥方法
A. 环状沟施肥　B. 条状沟施肥　C. 辐射状施肥　D. 穴状施肥

（4）地膜覆盖、穴贮肥水法。3 月上中旬至 4 月上旬整好树盘后在树冠外沿挖深 35 厘米、直径 30 厘米的穴，穴中加一直径 20 厘米的草把（玉米秸、麦秸、稻秸、高粱秸均可），高度低于地面 5 厘米（即长 30 厘米），先用水泡透，放入穴内，填上土与有机肥的混合物，然后灌营养液 4 千克。穴的数量视树冠大小而定，一般五至十年生树挖 2～4 个穴，成龄树 6～8 个穴。然后覆膜，将穴中心的地膜戳一个洞，平时用石块封住防止蒸发，由于穴低于地面 5 厘米，降雨时可使雨水循孔流入穴中，如不下雨，每隔半个月左右浇 4 千克水，进入雨季后停止灌水，在花芽生理分化期可再灌一次营养液（图 5-1D）。

这种追肥方法断根少，肥料施用集中，减少了土壤的固定作用，并且草把可将一部分肥料吸附上，逐渐释放从而加长了肥料作用时间，而且腐烂后又可增加土壤有机质。再加上覆膜，可以提高土温促使根系活动，有利于及早发挥肥效。因此，这种施肥方法可以节省肥水，比一般的土壤追肥可少用一半的肥料，是经济有效的施肥方法，增产效应大，施肥穴每隔 1～2 年改动一次位置。

（5）全园施肥。此法适于根系已布满全园的成龄树或密植园。将肥料均匀地撒入果园，再翻入土中，此法因施肥浅（20厘米左右），易导致根系上浮，降低根系对不良环境的抗性。最好与辐射状施肥交替使用。

采用连年覆草法的果园，因为草每年可腐烂一部分，形成腐殖质，增加了土壤有机质含量，可以不必考虑施用有机肥，仅追施些氮、磷、钾肥即可，有缺素症的补充所缺元素的肥料。

2. 根外追肥 果树除了通过根系吸收养分外，还可通过枝条、叶片等吸收养分，这种枝条或叶面施肥又称为根外施肥，采取根外施肥，把握好肥料种类、浓度、时期、次数、部位等环节，可以弥补根系吸肥不足，取得较好的增产效果。

果树根外追肥是将肥料直接喷施在树体地上部枝叶上，可以弥补根系吸收的不足或作为应急措施。根外追肥不受新根数量多少和土壤理化特性等因素的干扰，直接进入枝叶中，有利于更快地改变树体营养状况。而且根外追肥后，养分的分配不受生长中心的限制，分配均衡，有利于树势的缓和及弱势部位的促壮。另外，根外追肥还常用于锌、铁、硼等微量元素缺素症的矫正。但根外追肥不能代替根际追肥，二者各具特点，应互为补充。

果树根外追肥不仅可在生长季进行，也可在休眠期进行。休眠期根外追肥的浓度为 1%～5%，生长季的浓度为 0.1%～0.5%，对高浓度敏感的树种或微量元素肥料其浓度应低些。

（1）选用适宜的肥料种类。根据核桃树的生长发育及营养状况，选择适宜的根外追肥种类。在核桃幼树或生长季的初期或前期，为促进生长发育，喷施的肥料主要有尿素、硝酸钾、硝酸钙等氮肥。在核桃盛果期或生长季的中期或后期，为改善果树的营养状况，叶面喷施的肥料主要有尿素、磷酸二氢钾、过磷酸钙、硫酸钾、草木灰、硝酸铵、硫酸铵及一些微量元素。

（2）选择适宜的喷施浓度。根外追肥，浓度适宜，才能收到良好的效果，浓度高，不但无益，反而有害，通常各种微肥溶液的适宜喷施浓度为：尿素 0.3%～0.5%、硝酸铵 0.1%～0.3%、磷酸二氢钾 0.2%～0.5%、草木灰 3%～5% 的浸出液、腐熟人粪尿 1%～3%、硼酸或硼砂 0.2%～0.3%、硫酸锌 0.1%～0.4%、硫酸亚铁 0.1%～0.4%、硝酸钙 0.3%～0.4%、氯化钾 0.3%，如果确实需要高浓度，则以不超过规定浓度的 20% 为宜（应进行小面积试验后再喷施）。

（3）选择适宜的喷施时期。根外追肥的时期，必须根据树体状况和微肥的不同用途而定，一般根外追肥在生长季节喷施，而草木灰宜在果实膨大期施用，硫酸锌为防治小叶病宜在萌芽前喷施，硼酸、硼砂为提高坐果率宜在开花期喷施。为减少微肥在喷施过程中的损失，最好选择在阴天施用，晴天则选择在下午至傍晚无风时喷施，以尽可能延长肥料溶液在果树枝叶上的湿润时间，增强植株的吸肥效果。有露水的早晨喷肥，会降低溶液的浓度，影响施肥效果。若喷后 3 小时遇雨，待晴天时补喷一次，但浓度要适当降低。

（4）确定适宜的喷施次数。受浓度和用量的限制，根外施 1 次微肥，难以满足树体一年中生长发育对营养元素的需求。一般 1 年喷 2～4 次，每次喷洒，间隔期至少在 1 周以上。对土壤中微量元素缺乏或果树严重缺乏肥料的情况，可进行多次喷施，并注意与土壤施肥相结合。至于在树体内移动性小或不移动的养分（如铁、硼、钙、磷等），更应注意适当增加喷洒次数。

3. 施肥与水分管理 果树营养状况与土壤水分含量关系密切。果园土壤中的矿质元素只有溶解在水中，才能扩散到根系表面；进入到果树根系的养分很大一部分是随着水分蒸腾被运输到地上部而发挥作用的。多数矿质元素的有效性与土壤水分关系密切，在干旱条件下，其有效性大大降低，如硼、钙等元素在干旱条件下，其有效性大大降低；若土壤水分过多，不仅制约根系的生长，而且造成土壤养分流失，特别是水溶性强的氮、钾等元素，在土壤水分过多的情况下，随水分积聚在较深的土层中，而这一层次果树根系的吸收功能由于积水而变得极差，果树会因此表现出暂时性缺素症。因此，加强果园水分管理，不仅对根系生长有利，而且与养分的有效利用关系密切，施肥与水分管理密不可分。

肥水一体化技术就是通过灌溉系统施肥，核桃在吸收水分的同时也可吸收养分。灌溉同时进行的施肥一般是在压力作用下将肥料溶液注入灌溉输水管道，溶有肥料的水通过灌水器注入根区，果树根系一边吸水，一边吸肥，显著提高了肥料的利用率，是现代核桃生产管理的一项重要技术。目前，以滴灌施肥最普遍，具有显著的节水节肥、省工省时、增产增效作用。

（五）营养诊断

1. 树相诊断 树体的营养状况不受遗传因子控制，生态条件与人工管理水平也影响营养物质的吸收、运转与分配，因而在一定的立地条件下，由于植株长期与其相适应，树体各器官的数量、质量、功能不同，形成了营养水平与外观形态不同的植株类型，即树相不同。

（1）缺氮症状及防治措施。

①症状。核桃植株缺氮，叶色较浅，叶片较小，枝条生长量减少，叶子早期变黄，提前落叶。植株生长不良，影响果实的形成和发育。

②防治措施。氮是氨基酸、蛋白质、叶绿素和其他器官的基本元素。通过春季或秋季施足腐熟的农家肥，每株需纯氮肥1.5～1.8千克。如果表现缺氮症，可亩追施尿素5～10千克，分2～3次施入。

（2）缺磷症状及防治措施。

①症状。缺磷树体衰弱，叶子稀疏，小叶片比正常叶略小。叶子出现不规则的黄化和坏死部分，落叶提前，果少且小。

②防治措施。磷肥能促进核桃生根、开花、结果，增强抗逆性，提高核桃产量。磷肥一般和有机肥一起作底肥施用，每亩可施优质过磷酸钙30～40千克。

（3）缺钾症状及防治措施。

①症状。核桃树缺钾时，叶子在初夏和仲夏出现症状。叶子变灰白（类似缺氮），然后小叶叶缘呈波状并内卷，叶背呈现淡灰色。一般缺钾的叶子多数分布在枝条中部。叶子及枝条生长量降低，坚果变小。

②防治措施。钾能促进植物体内的各种代谢作用，增加油脂，提高核仁的品质。草木灰、土杂肥中含钾丰富，每亩一般施草木灰75千克或硫酸钾5～7.5千克。草木灰等钾肥容易流失，应深层施用。缺钾症状的地块，可在幼果发育期（6月）和坚果硬核期（7月）亩施50～75千克草木灰。钾肥应注意与氮、磷肥配合，以取得较好的肥效。

（4）缺锌症状及防治措施。

①症状。缺锌症，俗称小叶症。表现为叶小且瘦，卷曲。严重缺锌时全树叶子小而卷曲，枝条顶端枯死，有的早春表现正常，夏季则部分叶子开始出现缺锌症状。

②防治措施。在叶子长到最终大小的3/4时，喷施浓度为

0.3%～0.5%硫酸锌液，隔15～20天喷1次，共喷2～3次，其效果可维持几年。也可于深秋依据树体大小将1～1.2千克硫酸锌施于距离树干70～100厘米处、深15～20厘米的沟内，埋土。

（5）缺硼症状及防治措施。

①症状。缺硼症主要表现为枝梢回枯，小叶叶脉间出现棕色小点，小叶易变形，幼果易脱落，空壳多。

②防治措施。冬季结冻前，土壤施用硼砂，每亩施用量为1.5～2千克，施后立即灌水，或喷施0.1%～0.2%的硼酸溶液。应注意的是，硼过量也会出现中毒现象，其树体表现与缺硼相似，因此，生产中要注意区分，勿过量施硼。

（6）缺锰症状及防治措施。

①症状。缺锰症状在初夏和中夏开始显现，具有独特的褪绿症状，叶片失绿，叶脉之间为浅绿色，叶肉和叶缘发生焦枯斑点，易早落。

②防治措施。酸性土壤中锰易被植株吸收，碱性土壤易缺锰。整地时，亩施硫酸锰1.5～3.0千克，核桃生育期缺锰，可用0.1%硫酸锰溶液，每隔10～15天喷1次，注意不可过量，防止锰中毒。

（7）缺铜症状及防治措施。

①症状。缺铜症常与铁锰症同时发生，主要表现为核仁萎缩，叶片黄化早落，小枝表皮出现黑色斑点，严重时枝条死亡。

②防治措施。在春季展叶后喷施波尔多液，或在距树干约70厘米处，开20厘米深的沟，施入硫酸铜，也可直接喷施0.3%～0.5%硫酸铜溶液。

（8）缺铁症状及防治措施。

①症状。叶子很早出现黄化，整株叶子出现黄化，顶部叶子黄化比基部叶子黄化严重。一些严重褪绿的叶子可呈白色，发展成烧焦状，提早脱落。

②防治措施整地时，亩施硫酸亚铁200～400克，与有机肥、

过磷酸钙混合施用。核桃幼果发育期，坚果硬核期出现缺铁症时，每亩用0.2%硫酸亚铁溶液40～50千克进行叶面喷施，每隔5～6天1次，连喷2～3次。

2. 土壤诊断 矿质元素主要来源于土壤，元素的有效性与果园有效土层的深度、理化性状、施肥制度等有关。因此，进行植株诊断时还须进行土壤诊断，主要测定项目：有效土层厚度、机械组分比例、土壤腐殖质含量、土壤pH、代换性盐基量、土壤的持水量、微生物含量等。由于影响养分有效性的因子较为复杂，例如根系的吸水特点、养分向根际移动的速率、可给态养分形态间的转换与平衡及可给态养分测定方法等均影响研究结果，所以经常会出现土壤分析的结果与树体营养状况相关性不明显。土壤诊断养分的分级标准很多，如国际分级标准、全国分级标准、山东省分级标准等。由于果园多数建在山丘地和沙滩地上，其养分含量偏低，上述分级标准无法衡量比较。为此，通过查阅资料，把果园土分为五级（表5-4），仅供参考。某种养分含量在中等以下时，应及时补充，否则易发生缺素症。

表5-4　山东省果园土五级分级养分含量范围

项目	较高	适宜	中等	低	极低
有机质（%）	>1.0	0.8～1.0	0.6～0.8	0.4～0.6	<0.4
全氮（%）	>0.08	0.06～0.08	0.04～0.06	0.02～0.04	<0.02
碱解氮 （毫克，每100克土）	>12	9～12	6～9	3～6	<3
有效磷（微克/克）	>20	10～20	5～10	3～5	<3
有效钾（微克/克）	>150	100～150	50～100	30～50	<30
有效锌（微克/克）	>3.0	1.0～3.0	0.5～1.0	0.3～0.5	<0.3
有效铁（微克/克）	>20	10～20	5～10	2～5	<2

3. 叶片诊断 叶片分析诊断通常在形态诊断的基础上进行。

特别是某种元素缺乏但尚未表现出典型症状时，需用叶片分析方法来诊断。一般说，叶片分析的结果是核桃树体营养状况最直接的反应，因此诊断结果准确可靠。叶片分析方法是用植株叶片元素的含量与事先经过试验研究拟定的临界含量或指标（即核桃叶片各种元素含量标准值）相比较，用以确定某些元素的缺乏或失调。

（1）样品的采集。进行叶片诊断需采集分析样品，对于核桃树，应取带叶柄的叶片。取核桃树新梢具有 5～7 个复叶的枝条中部复叶的一对小叶。取样时要照顾到树冠四周方位。取样的时间，核桃树在盛花后 6～8 周取样。取样数量，混合叶样不少于 100 片。

（2）样品的处理。采集的样品装在塑料袋中，放在冰壶内迅速带回试验室。取回的样品用洗涤液立即洗涤。洗涤液配法是用洗涤剂或洗衣粉配成 0.1％的水溶液。取一块脱脂棉用竹镊子夹住轻轻擦洗，动作要快，洗几片拿几片，不要全部倒在水中，叶柄顶端最好不要浸在水中，以免养分淋失。如果叶片上有农药或肥料，应在洗涤剂中加入盐酸，配成 0.1mol/L 的盐酸洗涤剂溶液进行洗涤，也可先用洗涤剂洗涤，然后用 0.1mol/L 的盐酸洗涤。从洗涤剂中取出的叶片，立即用清水冲掉洗涤剂。

取相互比较的样品时，要从品种、砧木、树龄、树势、生长量等立地条件相对一致的树上取样，不取有病虫害或破损不正常的叶片；取到的样品要按田间编号、样品号、样品名称、取样地点、取样日期和取样部位等填写标签。

有研究表明，叶片中氮、磷、钾含量分别在 2.5％～3.0％、0.2％～0.3％和 1.3％～1.5％范围就能满足核桃实生苗的生长需求。

（六）核桃幼树与结果树施肥

1. 幼树施肥 以氮肥为主，配合磷、钾肥。全年施肥 4～6

次，春秋梢抽生前 10～15 天各施一次促梢肥；每次新梢夏剪后，追施 1～2 次壮梢肥，并加以根外追肥，8 月下旬以后应停止施用速效氮肥，秋冬季节深施一次基肥。

具体施肥量：新梢萌发前株施尿素 0.1～0.2 千克；复合肥 0.1～0.2 千克；新梢夏剪时株施复合肥 0.1～0.15 千克，再进行 1～2 次叶面施肥；秋冬季节深施基肥，每株饼肥 1～2.5 千克或人畜粪肥 10～20 千克，钙镁磷肥 0.5～1 千克，钾肥 0.15～0.25 千克；一至三年生幼树单株年施纯氮 100～400 克，氮、磷、钾比例以 1∶（0.25～0.3）∶0.5 为宜。施肥量应随树体增大，由少至多逐年增加。

2. 结果树施肥　成年结果核桃园，全年施 3～4 次肥，在核桃开花前或展叶初期进行，以速效氮为主，主要作用是促进开花坐果和新梢生长。追肥量应占全年追肥量的 50%；壮果肥，以氮、钾为主，配合施用磷肥，于 5 月初至 6 月上旬（幼果发育期）施入，配合灌水防旱，此期追肥的主要作用是促进果实发育，减少落果，促进新梢的生长和木质化程度的提高及花芽分化，追肥量占全年追肥量的 30%。硬核期肥，在 6 月初至 7 月初施速效性磷、钾肥和少量氮肥（复合肥），主要作用是供给核桃仁发育所需的养分，保证坚果充实饱满，此期追肥量占全年追肥量的 20%。秋施基肥，以迟效性有机肥为主，作用是提高土壤有机质含量。基肥提倡秋施，结合深翻改土进行，其他季节（5～8 月）根据结果量和树势适量补肥，微量元素肥宜在春梢生长期施用。

三、水分管理

核桃喜湿润，耐涝，抗旱力弱，灌水是增产的一项有效措施。在生长期间若土壤干旱缺水，则坐果率低，果皮厚，种仁发育不饱满；施肥后如不灌水，也不能充分发挥肥效。因此，遇到干旱时要及时灌水。

（一）灌水时期

确定果园的灌溉时期，一是根据土壤含水量，二是根据核桃物候期及需水特点。依物候期，灌溉时期主要是春季萌芽前后、坐果后及采收后3次。除物候期指标外，还应参考土壤实际含水量来确定灌溉期。一般生长期要求土壤含水量低于60%时灌溉；当超过80%时，则需及时中耕散湿或开沟排水。具体实施灌溉时，要分析当时、当地的降水状况、核桃的生育时期和生长发育状况。灌溉还应结合施肥进行。核桃应灌顶凌水和促萌水，并在硬核期、种仁充实期及封冻前灌水。

（二）灌水方法

根据输水方式，果园灌溉可分为地面灌溉、地下灌溉、喷灌和滴灌。目前，大部分果园仍采用地面灌溉，干旱山区多数为穴灌或沟灌，少数果园用喷灌、滴灌，个别用地下管道渗灌。

1. 地面灌溉　最常用的是漫灌法。在水源充足，靠近河流、水库、塘坝、机井的果园，在园边或几行树间修筑较高的畦埂，通过明沟把水引入果园。地面灌溉灌水量大，湿润程度不匀。这种方法灌水过多，加剧了土壤中的水、气矛盾，对土壤结构也有破坏作用。在低洼及盐碱地，还有抬高地下水位、使土壤泛碱的弊端。

与漫灌近似的是畦灌，以单株或一行树为单位筑畦，通过多级水沟把水引入树盘进行灌溉。畦灌用水量较少，也比较好管理，仍有漫灌的缺点，只是程度较轻。在山区梯田、坡地则普遍采用畦灌。

穴灌是节水灌溉。即根据树冠大小，在树冠投影范围内开6～8个直径25～30厘米、深20～30厘米的穴，将水注入穴中，待水渗后埋土保墒。在灌过水的穴上覆盖地膜或杂草，保墒效果更好。

沟灌，是地面灌溉中较好的方法。即在核桃行间开沟，把水引入沟中，靠渗透湿润根际土壤。节省灌溉用水，又不破坏土壤结构。灌水沟的数量以栽植密度而定，在稀植条件下，每隔 1～1.5 米开一条沟，宽 50 厘米、深 30 厘米左右；密植园可在两行树之间只开一条沟。灌水后平沟整地。

2. 地下灌溉（管道灌溉）　借助于地下管道，把水引入深层土壤，通过毛细管作用逐渐湿润根系周围。用水经济，节省土地，不影响地面耕作。整个管道系统包括水塔（水池）、控水枢纽、干管、支管和毛管。各级管道在园中交织成网状，管道埋于地下 50 厘米处。通过干管、支管把水引入果园，毛管铺设在行间或株间，管上每隔一段距离留有出水小孔（或其他新材料渗透水）。灌溉时水从小孔渗出湿润土壤。控水枢纽处设有严密的过滤装置，防止泥沙、杂物进入管道。山地果园可把供水池建在高处，依靠自压灌溉；平地果园则需修建水塔，通过机械扬水加压。

针对干旱缺水的山区，可使用果树皿灌器。以当地的红黏土为主，配合适量的褐、黄、黑土及耐高温的特异土，烧成三层复合结构的陶罐。罐的口径及底径均为 20 厘米，罐径及高皆为 35 厘米，壁厚 0.8～1.0 厘米，容水量约 20 千克。应用时将陶罐埋于果树根系集中分布区，两罐之间相距 2 米。罐口略低于地平面，注水后用塑膜封口。一般情况下，每年 4 月上旬、5 月上旬、5 月末至 6 月初、7 月末至 8 月初各灌水 1 次，共 4 次。陶罐渗灌可改良土壤理化性状，有利于果树生长结果。在水中加入微量元素（铁、锌等），还能防治缺素症。适合在山地、丘陵及水源紧缺的果园推广。

3. 喷灌　整个喷灌系统包括水源、进水管、水泵站、输水管道、竖管和喷头等几部分。应用时可根据土壤质地、湿润程度、风力大小等调节压力、选用喷头及确定喷灌强度，以便达到无渗漏和径流损失，又不破坏土壤结构，同时能均匀湿润土壤的目的。喷灌节约用水，用水量是地面灌溉的 1/4，保护土壤结构；调节果园小气候，清洁叶面，霜冻时还可减轻冻害，炎夏喷灌可降低叶温、气温和土温，防止高温、日灼伤害。

4. 滴灌 整个系统包括控制设备（水泵、水表、压力表、过滤器、混肥罐等）、干管、支管、毛管和滴头。具有一定压力的水，从水源经严格过滤后流入干管和支管，输送到果树行间，围绕树株的毛管与支管连接，毛管上安有 4～6 个滴头（滴头流量一般为 2～4 升/时）。水通过滴头源源不断地滴入土壤，使果树根系分布层的土壤一直保持最适宜的湿度状态。滴灌是一种用水经济、省工、省力的灌溉方法，特别适用于缺少水源的干旱山区及沙地。应用滴灌比喷灌节水 36%～50%，比漫灌节水 80%～92%。由于供水均匀、持久，根系周围环境稳定，十分有利于果树的生长发育。但滴头易发生堵塞，更换及维修困难。昼夜不停使用滴灌时，使土壤水分过饱和，易造成湿害。滴灌时间应掌握湿润根系集中分布层为度。滴灌间隔期应依据核桃生育进程的需求而定。通常，在不出现萎蔫现象时，无需过频灌水。

（三）抗旱保墒方法

土壤含水量适宜且稳定可以促进各种矿物质的均匀转化和吸收，提高肥效。实行穴施肥水，地膜覆盖，是保持土壤含水量、充分利用水源、提高肥效的有效措施。

在瘠薄干旱的山地果园，地膜覆盖与穴贮肥水相结合效果比较好。在树盘根系集中分布区挖深 40～50 厘米、直径 40 厘米的穴，将优质有机肥约 50 千克与穴土拌和填入穴中。也可填入一个浸过尿液的草把，浇水后盖上地膜，地膜中心戳一个小洞，用石板盖住，可于洞口灌入肥水（30 千克左右），水深入穴中再封严。施肥穴每隔 1～2 年改动一次位置。

覆盖地膜后，大大减少地面水分蒸发消耗，使土壤形成一个长期稳定的水分环境，有利于微生物活动和肥料的分解利用，起到以水济肥的作用。

（四）排水防涝

果园排水系统由小区内的排水沟、小区边缘的排水支沟和排水干沟 3 部分组成。

排水沟挖在果园行间，把地里的水排到排水支沟中去。排水沟的大小、坡降及沟与沟之间的距离，要根据地下水位的高低、雨季降水量的多少而定。

排水支沟位于果园小区的边缘，主要作用是把排水沟中的水排到排水干沟中去。排水支沟要比排水沟略深，沟的宽度可以根据小区面积大小而定，小区面积大的可适当宽些，小区面积小的可以窄些。

排水干沟挖在果园边缘，与排水支沟、自然河沟连通，把水排出果园。排水干沟比排水支沟要宽些、深些。

有泉水的涝洼地，或上一层梯田渗水汇集到果园而形成的涝洼地，可以在涝洼地的上方开一条截水沟，将水排出果园。也可以在涝洼地里面用石砌一条排水暗沟，使水从地下排出果园。对于因树盘低洼而积涝的，则结合土壤管理，在整地时加高树盘土壤，使之稍高出地面，以解除树盘低洼积涝。

第六章
整形修剪技术

一、核桃生物学特性

（一）营养器官的生长特性

1. 根系 核桃属于深根性树种。主根较深，侧根水平伸展较广，须根系长而密集。在立地条件良好时，成年树主根最深可达 6 米以上，侧根水平延伸可达 10～12 米。根冠比（即根幅直径/冠幅直径）通常为 2 米左右。根系集中分布区为地面以下 20～60 厘米，占根总量的 80% 以上。核桃一至二年生实生苗表现为主根生长速度高于地上部，地上部生长缓慢，一年生核桃主根长可为主干高的 5 倍以上，二年生约为主干高的 2 倍。3 年以后，侧根生长加快，数量增多。随树龄增加，水平根扩展加速，营养积累增加，地上枝干生长速度超过根系生长速度。成年核桃树根系的水平分布主要集中在以树干为圆心的 4 米半径范围内，大体与树冠边缘相一致。

核桃树根系生长与土壤类型、土层厚度和地下水位有密切关系。若土壤条件和环境较好，则根系分布广而深；若土层薄而干旱或地下水位较高时，则根系入土深度和广度均较小。因此，栽培核桃树应选择土层深厚、土质优良、离水源较近的地点，有益于根系发育，从而加快地上部生长，达到早期丰产的目的。

2. 枝条 核桃枝条的生长受年龄、营养状况、着生部位及立地条件的影响。一般幼树和壮枝一年中可有两次生长，形成春梢和秋梢，春季在萌芽和展叶同时抽生新枝，随着气温的升高，枝条生长加快，北方地区于5月上旬达旺盛生长期，6月上旬第一次生长停止，此期枝条生长量可占全年生长量的90%。短枝和弱枝一次生长结束后即形成顶芽，健壮发育枝和结果枝可出现第二次生长。秋梢顶芽形成较晚。旺枝在夏季则继续增长而减弱。一般来说，二次生长往往过旺，木质化程度差，不利于枝条越冬，应加以控制。幼树枝条的萌芽力和成枝力常因品种而异，一般早实核桃40%以上的侧芽都能发出新梢，而晚实核桃只有20%左右。需要注意的是，核桃背下枝吸水力强，生长旺盛，这是不同于其他树种的一个重要特性，在栽培中应注意控制或利用，否则会造成"倒拉枝"，使树形紊乱，影响骨干枝生长和树下耕作。核桃树的枝条分为营养枝、结果枝和雄花枝，这些枝条是形成树冠、开花结果的基础。

（1）营养枝。营养枝又称为生长枝，是只着生叶片、不能开花结果的枝条。根据生长势分为发育枝和徒长枝两种，发育枝是由上年叶芽发育而来，顶芽为叶芽，萌发后只抽枝不结果，此类枝是扩大树冠增加营养面积和结果枝的基础；徒长枝多由树冠内膛的休眠芽（或潜伏芽）萌发而成，徒长枝角度小而直立，一般节间长，不充实，如数量过多，会大量消耗养分，影响树体正常生长和结果，故生产中应加以控制。

（2）结果枝。着生混合芽的枝条为结果母枝，由混合芽萌发出具有雌花并结果的枝条为结果枝，系由结果母枝上的混合芽抽发而成。按其长度和结果情况可分为长果枝（大于20厘米）、中果枝（10～20厘米）和短果枝（小于10厘米）。健壮的结果枝顶端可再抽生短枝，多数当年又可形成混合芽。早实核桃还可当年萌发，当年开花结果，称为二次花和二次枝果。结果枝上着生混合芽、叶芽（营养芽）、休眠芽和雄花芽，但有时无叶芽和雄花芽。

（3）雄花枝。雄花枝是指除顶芽为叶芽外，其他各节均着生雄花芽而较为细弱短小的枝条。雄花枝顶芽不易分化为混合芽，雄花序脱落后，顶芽以下光秃。雄花枝量多是树势衰弱和品种不良的表现，消耗营养也很多，修剪时多数应疏除。

3. 叶片 核桃树叶片为奇数羽状复叶，其数量与树龄、枝条类型有关。复叶的数量和质量对枝条和果实的发育影响较大，双果枝条要有 5～6 片以上的复叶，才能保证枝条和果实的正常生长和发育。混合芽或营养芽开裂后数天，可见到着生灰色茸毛的复叶原始体。经过 5 天左右，随着新枝的伸长复叶逐渐展开。再经过 10～15 天，复叶大部分展开，并由下向上迅速生长。经过 40 天左右，随着新枝形成和封顶，复叶完全展开。10 月底左右叶片变黄脱落，气温低的地区，落叶较早。

4. 芽 根据形态、构造及发育特点，可将核桃芽分为混合芽、叶芽、雄花芽和潜伏芽四大类。

（1）混合芽。芽体肥大，近圆形，鳞片紧包，萌发后抽生枝、叶和雌花序。晚实核桃的混合芽着生在一年生枝顶部 1～3 个节位处，单生或与叶芽、雄花芽上下呈复芽状态着生于叶腋间。早实核桃除顶芽为混合芽外，其余侧芽也均可为混合芽。

（2）叶芽。叶芽又称为营养芽，萌发后只抽生枝和叶，主要着生在营养枝顶端及叶腋间，或结果枝混合芽下，单生或与雄花芽叠生。早实核桃叶芽较少。形状为宽三角形，有棱，春梢中上部芽较为饱满。

（3）雄花芽。萌发后形成雄葇黄花序，多着生在一年生枝条的中部或中下部，数量不等，单生或叠生。形状为圆锥形，为裸芽。

（4）潜伏芽。潜伏芽又称为休眠芽，属于叶芽的一种，只是在正常情况下不萌发，当受到外界刺激后才萌发，成为树体更新和复壮的后备力量。主要着生在枝条的基部或下部，单生或复生。呈扁圆形，瘦小，有 3 对鳞片。其寿命可达数十年之久。

（二）繁殖器官的发育特性

1. 雌花分化　雌花芽起源于混合芽内生长点，根据春季回温的早晚开始于 4 月初至 4 月中旬，完成于第二年的 3 月末，需要大概 1 年时间。雌花芽分化和发育表现出较明显的外部形态特征变化：4 月下旬，当雌花即将开放时在其花柄附近已形成幼嫩的顶花芽，鳞片绿色，3～5 层，闭合紧密，质软，顶花芽外部形态与叶芽无大区别；5 月中旬，顶花芽开始膨大，鳞片层数增多至 5～7 层，幼叶形成，并且在幼叶与外部鳞片之间有 2 层茸毛状的鳞片生成；5 月底至 6 月中旬，顶花芽继续增大，呈阔三角形，明显区别于叶芽，鳞片层数为 9 片左右，外部鳞片张开、增厚，质地变得坚硬；6 月下旬，顶花芽大小已没有明显的变化，鳞片层数略有增加，达到 11 片左右，颜色由绿色转为黄绿色，并且半木质化；随着季节的变换，11 月落叶时整个顶花芽变成褐色，鳞片由外到内闭合越来越紧密，外部鳞片木质化，为保护花芽过冬做好准备，并且分化进程处于停滞状态；第二年 3 月初随着温度的回升，树体开始萌动，顶花芽鳞片由褐色变成灰绿色，内部开始形成新的嫩叶，为顶花芽的进一步发育提供充足的营养物质；3 月末，顶花芽较月初已有明显的增大，颜色为黄绿色，顶端开绽露出幼叶；4 月上旬温度达到 24℃左右时，外部鳞片开始脱落，嫩绿色的新叶即将展开，待温度进一步升高进行展叶开花，继续下一年的分化发育。

2. 雄花分化　核桃雄花分化是随着当年新梢的生长和叶片展开，于 4 月下旬至 5 月上旬在叶腋间形成的。6 月上中旬继续生长，形成小花苞和花被原始体。6 月中旬至翌年 3 月为休眠期。4 月继续发育生长并伸长为柔荑花序，散粉前 10～14 天形成花粉粒。雄花分化一般需要 12 个月。

二、核桃的修剪时期及方法

（一）核桃伤流发生的特点

植物的枝干受伤或被折断，伤口会溢出汁液，这种现象称为伤流；溢出的汁液称为伤流液。一般认为，高等植物在一定生育期内都会出现伤流。核桃与绝大多数具有春季伤流的树不同，它们不仅有春季伤流，而且存在秋季伤流，并在土壤结冻期间还会出现冬季伤流。

核桃伤流在一年中均可发生，且以秋季落叶和春季萌芽前后强度最大。秋季伤流一般从落叶后期（约 10 月下旬）开始，并逐渐增强；之后随气温降低，逐渐下降，可延续到冬季深休眠期（约 12 月下旬）；春季伤流始于芽萌动期（约 3 月中旬）伤流随气温升高而加强，到展叶后期（约 4 月中下旬），随蒸腾加强而降低。冬季也可发生伤流，但对其强度说法不一。多认为核桃冬季伤流很弱。核桃夏季伤流也有报道，其主要受蒸腾强度调控，发生时间不固定，与树体生活力、土壤水分和空气湿度有关。

（二）适宜的修剪时期

核桃具有明显的秋季、冬季和春季伤流，为避开伤流，提倡在秋季采收后到落叶前或春季展叶后修剪（杨文衡等，1983年）。但是，采收后到落叶前是贮藏营养积累时期，修剪会造成养分损失，春季展叶后修剪同样会造成养分损失。20 世纪 90 年代以来，根据对核桃伤流规律的研究和掌握，提出了改变核桃树修剪时期的意见。

张志华等（1997）认为，休眠期修剪较之秋剪或春剪营养损失最少，有利于增强树势和增加产量；核桃冬剪不仅对生长和结果没有不良影响，而且在新梢生长量、坐果率和树体营养等方面的效果，都优于春、秋剪。休眠期修剪，主要有水分和少量矿质营养的损失；秋剪则有光合作用和叶片营养尚未回流的损失；春剪有呼吸消耗和新器官形成的损失。相比之下，春剪营养损失最多，秋剪次之，休眠期修剪损失最少。美国核桃幼树整形的大量工作也是在休眠期进行的；20 余年优种核桃园，因采集接穗大多在休眠期与修剪同时进行，也均未出现对树体生长和结果的不良影响，所以核桃可以进行冬剪。

另一方面，从伤流发生的情况看，只要在休眠期造成伤口，就一直有伤流，直至萌芽展叶为止。核桃休眠期（冬剪）伤流有两个高峰，主峰出现在 11 月中下旬，次峰出现在翌年 4 月上旬。因此，就休眠期修剪而言，以避开前一伤流高峰期（11 月中下旬至翌年 2 月上旬）为宜，最好在核桃 3 月下旬芽萌动前完成。

（三）整形修剪的主要方法

1. 短截　短截是指剪去一年生枝条的一部分。短截的对象是从一级和二级侧枝上抽生的生长旺盛的发育枝，剪掉程度为 1/4～1/2，短截后一般可萌发 3 个左右较长的枝条。在核桃树上，中等长枝或弱枝不宜短截，否则刺激下部发出细弱短枝，髓心较大，组织不充实，冬季易发生日烧而干枯，影响树势。

2. 疏枝　将枝条从基部疏除称为疏枝。疏除对象一般为雄花枝、病虫枝、干枯枝、无用的徒长枝、过密的交叉枝和重叠枝等。当树冠内部枝条密度过大时，及时疏除过密枝，以利于通风透光。疏枝时，应紧贴枝条基部剪除，切不可留橛，以利于剪口愈合。

3. 缓放　缓放也是修剪的一种手法，即抛放不剪截，任枝上的芽自由萌发。其作用是缓和生长势，增加中短枝数量，有利于营养物质的积累，促进幼旺树结果。除背上直立旺枝不宜缓放外，其余枝条缓放效果均较好。

4. 回缩 对多年生枝剪截称为回缩，这是核桃修剪中最常用的一种方法。回缩的作用有两种，一是复壮作用，二是抑制作用，因回缩的部位不同而异。生产中复壮作用的运用有两个方面，一是局部复壮，例如回缩更新结果枝组，多年生冗长下垂的缓放枝等；二是全树复壮，主要是衰老树回缩更新。生产中运用抑制作用主要控制旺树辅养枝、抑制树势不平衡中的强壮骨干枝等。

5. 摘心 生长季摘除当年生枝条先端一部分，称为摘心。摘心有利于控制一年生枝条的生长，可充实枝条，有利于枝条越冬。对早实核桃树摘心，有利于侧芽成花。

6. 抹芽 抹芽是指在核桃树春季萌芽后，将不适宜的萌芽抹掉，减少无效消耗，有利于枝条的生长发育。

三、核桃树形及其整形技术

（一）整形修剪的作用

1. 调节核桃树体与环境间的关系 整形修剪可调整核桃树个体与群体结构，提高光能利用率，创造较好的微域气候条件，更有效地利用空间。良好的群体和树冠结构，还有利于通风、调节温度、湿度和便于操作。

提高有效叶面积指数和改善光照条件，是核桃树整形应遵循的原则，必须双方兼顾。只顾前者，往往影响品质，进一步也影响产量；只顾后者，则往往影响产量。

增加叶面积指数，主要是多留枝，增加叶丛枝比例，改善群体和树冠结构。改善光照主要控制叶幕，改善群体和树冠结构，其中通过合理整形，可协调二者的矛盾。

稀植时，整形主要考虑个体的发展，重视快速利用空间、树冠结构合理及其各局部势力均衡。尽量做到：扩大树冠快，枝量多，先密后稀，层次分明，骨干开展，势力均衡。密植时，整形主要考虑群体发展，注意调节群体的叶幕结构，解决群体与个体的矛盾；尽量做到个体服从群体，树冠要矮，骨干要少，控制树冠，通风透光，先"促"后"控"，以结果来控制树冠。

2. 调节树体各局部的均衡关系

（1）利用地上部与地下部动态平衡规律调节核桃树的整体生长。核桃树地上部与地下部是相互依赖、相互制约的，二者保持动态平衡。任何一方的增强或减弱，都会影响另一方的强弱。修剪就是有目的地调整二者的均衡，以建立有利的新的平衡关系。但具体反应，因受到接穗和砧木生长势强弱、贮藏养分多少、剪留枝芽多少、根的质量优劣及环境和栽培措施等因素的制约而有变化。

对生长旺盛、花芽较少的树，修剪虽然促进局部生长，但由于剪去了一部分器官和同化养分，一般会抑制全树生长，使全树总生长量减少，这就是通常所说的修剪的二重作用。但是，对花芽多的成年树，由于修剪剪去部分花芽和更新复壮等的作用，反而会比不修剪的增加总生长量，促进全树生长。

修剪在利用地上地下动态平衡规律方面，还应考虑修剪时期和修剪方法。例如，在年周期中树体内贮藏养分最少的时期进行树冠修剪，则修剪越重，叶面积损失越大，根的饥饿越重，新梢生长反而削弱，对整体、对局部都产生抑制效应；核桃春季过晚修剪，抽枝展叶后修剪，则因养分消耗多，又无叶片同化产物回流，致使根系严重饥饿，往往造成树势衰弱。对于生长旺盛的树，如通过合理摘心，全树总枝梢生长量和叶面积也有可能增长。

由此看来，修剪在利用地上部地下部平衡规律所产生的效应是随树势、物候期和修剪方法、部位等不同而改变，有可能局部促进，整体抑制；此处促进，彼处抑制；此时加强，彼时削弱，必须具体分析，灵活应用。

（2）调节营养器官与生殖器官的均衡　生长与结果这一基本矛盾，在核桃树一生中同时存在，贯穿始终。可通过修剪进行调节，使双方达到相对均衡，为高产稳产优质创造条件。调节时，首先，要保证有足够数量的优质营养器官；其次，要使其能产生一定数量的花果，并与营养器官的数量相适应，如花芽过多，必须疏剪花芽和疏花疏果，促进根叶生长，维持两类器官的均衡；第三，要着眼于各器官各部分的相对独立性，使一部分枝梢生长，一部分枝梢结果，每年交替，相互转化，使二者达到相对均衡。

（3）调节同类器官间的均衡。一株核桃树上同类器官之间也存在着矛盾，需要通过修剪加以调节，以有利于生长结果。用修剪调节时，要注意器官的数量、质量和类型。有的要抑强扶弱，使生长适中，有利于结果；有的要选优去劣，集中营养供应，提高器官质量。对于枝条，既要保证有一定的数量，又要搭配和调节长、中、短各类枝的比例和部位。对徒长旺枝要去除一部分，以缓和竞争，使多数枝条健壮，从而利于生长和结果。再如结果枝和花芽的数量少时，应尽量保留；雄花数量过多，选优去劣，减少消耗，集中营养，保证留下的生长良好。

3. 调节树体的营养状况

（1）调整树体叶面积，改变光照条件，提高光合产量，从而改变了树体营养制造状况和营养水平。

（2）调节地上部与地下部的平衡，促进根系的生长，从而提高无机营养的吸收与有机营养的分配状况。

（3）调节营养器官和生殖器官的数量、比例和类型，从而改善树体的营养积累和代谢状况。

（4）控制无效枝叶和调整花果数量，减少营养的无效消耗。

（5）调节枝条角度、器官数量、输导通路、生长中心等，定向地运转和分配营养物质。核桃树修剪后树体内水分、养分的变化很明显。修剪可以提高枝条的含氮量及水分含量。修剪程度不同，其含量变化有所区别。但是，在新梢发芽和伸长期修剪对新梢内碳水化合物含量的影响和对含氮量及含水量相反，随修剪程度的加重而有减少的趋势。

（二）整形修剪遵循的原则

1. 自然环境和当地条件原则　自然环境和当地条件对果树的生长有较大的影响。在多雨多湿的地带，果园的光照和通风条件较差，树势容易偏旺，应适当控制树冠的体积，栽植密度应适当小一些，留枝密度也应适当减小；在干燥少雨的地带，果园光照充足，通风较好，则果树可栽得密一些，留枝也可适当多一些；在土壤瘠薄的山地、丘陵地和沙地，果树的生长发育往往受到限制，树势一般表现较弱，整形应采用小冠型，主干可矮一些，主枝数目相对多一些，层次要少，层间距要小，修剪应稍重，多短截，少疏枝；在土壤肥沃、地势平坦、灌水条件好的果园，果树往往容易旺长，整形修剪可采用大冠型，主干要高一些，主枝数目适当减少，层间距要适当加大，修剪要轻；风害较重的地区，应选用小冠型，降低主干高度，留枝量应适当减小；易遭霜冻的地带，冬剪时应多留花芽，待花前复剪时再调整花量。

2. 品种和生物学特性原则　萌芽力弱的品种，抽生中短枝少，进入结果期晚，幼树修剪时应多采用缓放和轻短截；成枝力弱的品种，扩展树冠较慢，应采用多短截少疏枝；以中长果枝结果为主的品种，应多缓放中庸枝以形成花芽；以短果枝结果为主的品种，应多轻截，促发短枝形成花芽；对干性强的品种，中心干的修剪应选弱枝当头或采用"小换头"的方法抑制性强；对干性弱的品种，中心干的修剪应选强枝当头以防止上弱下强；枝条较直立的品种，应及时开角缓和树势以利形成花芽；枝条易开张下垂的品种，应注意利用直立枝抬高角度以维持树势，防止衰弱。

3. 核桃树的年龄时期原则 生长旺的树宜轻剪缓放，疏去过密枝注意留辅养枝，弱枝宜短截，重剪少疏，注意背下枝的修剪。初果期是核桃树从营养生长为主向结果为主转化的时期，树体发育尚未完成，结果量逐年增加，这时的修剪应当既利于扩大树冠，又利于逐年增加产量，还要为盛果期树的连年丰产打好基础；盛果期的树，在保证树冠体积和树势的前提下，应促使盛果期年限尽量延长；衰老期的树营养生长衰退，结果量开始下降，此时的修剪应使其达到复壮树势、维持产量、延长结果年限的目的。

4. 枝条的类型原则 由于各种枝条营养物质的积累和消耗不同，所以各枝条所起的作用也不同，修剪时应根据目的和用途采取不同的修剪方式。树冠内膛的细弱枝，营养物质积累少，如用于辅养树体，可暂时保留；如生长过密，影响通风透光，可部分疏除，同时可起到减少营养消耗的作用。中长枝积累营养多，除满足本身的生长需要外，还可向附近枝条提供营养，如用于辅养树体，可作为辅养枝修剪；如以结果为目的，可采用促进成花的修剪方法。强旺枝生长量大，消耗营养多，甚至争夺附近枝条的营养，对这类枝条，如用于建造树冠骨架，可根据需要进行短截；如属于和发育枝争夺营养的枝条，应疏除或采用缓和枝势的剪法；如需要利用其更新复壮枝势或树势，则可采用短截法促使旺枝萌发。

5. 地上部与地下部的平衡关系原则 核桃树的地上与地下两部分组成一个整体。叶片和根系是营养物质生产合成的两个主要部分。它们之间在营养物质和光合产物的运输分配中相互联系、相互影响，并由树体本身的自行调节作用经常保持着一定的相对平衡关系。当环境条件改变或外加人为措施时（如土壤、水肥、自然灾害及修剪等），这种平衡关系即受到破坏和制约。平衡关系破坏后，核桃树会在变化了的条件下逐渐建立起新的平衡。但是，地上与地下部的平衡关系并不都是有利于生产的。在土壤深厚、肥水充足时，树体会表现为营养生长过旺，不利于及时结果和丰产。对这些情况，修剪中都应区别对待。如对干旱和瘠薄土壤中的果树，应在加强土壤改良、充分供应氮肥和适量供应磷、钾肥的前提下，适当少疏枝和多短截，以利于枝叶的生长；对土壤深厚、肥水条件好的果树，则应在适量供应肥水的前提下，通过缓放、疏花疏果等措施，促使其及时结果和保持稳定的产量。又如衰老树，树上细、弱、短枝多，粗壮旺枝少，而地下的根系也很弱，这也是地上、地下部的一种平衡状态。对这类树更新复壮，就应首先增施肥水，改善土壤条件，并及时进行更新修剪。如只顾地上部的更新修剪，没有足够的肥水供应，地上部的光合产物不能增加，地下的根系发育也就得不到改善，反过来又影响了地上部更新复壮的效果，新的平衡就建立不起来了。

结果数量也是影响地下部分生长的重要因素。在肥水不足时，必须进行控制坐果量的修剪，以保持地下、地上部的平衡。如坐果太多，则会抑制地下根系的发育，树势就会衰弱下去，并出现大小年的现象，甚至有些树体会因结果太多而衰弱致死。

（三）主干分层形

1. 树形特点　有明显的中心干，早实核桃干高 0.8～1.2 米，平原地干高可为 1.2～1.5 米；晚实核桃干高 1.5～2.0 米。中心干上着生主枝 5～7 个，分为 2～3 层。第一层三大主枝，层内距 20～40 厘米（主枝要邻近形，不要邻接，防止掐脖现象）主枝基角为 70 度，每个主枝上有 3～4 个一级侧枝；第二层两大主枝；第三层一个主枝。第一至二层主枝相距 80～120 厘米，树高 5～6 米。此树形适于稀植大冠晚实品种和果粮间作栽培方式。成形后，树冠为半圆形，枝条多，结果面积大，通风透光良好，产量高，寿命长，缺点是结果稍晚，前期产量低。

2. 树形的培养

定干　　第一年　　　　第二年　　　　　　第三年

图 6-1　主干分层形整形过程

（1）定干方法。由于晚实核桃与早实核桃在生长发育特性方面有所不同，其定干方法也不完全一样。在正常情况下，二年生晚实核桃很少发生分枝，三至四年生后开始少量分枝，纵生长一般可达2 米以上。达到定干高度时，可通过选留主枝的方法进行定干。春季发芽后，在定干高度的上方选留一个壮芽或健壮的枝条，选做第一个主枝，并将该枝或萌发芽以下的枝芽全部剪除。如果幼树生长过旺，分枝时间延迟，为了控制干高，可在要求干高的上方适当部位进行短截，促使剪口芽萌发，然后选留第一主枝。对于分枝力强的品系，只要栽培条件较好，也可采用短截的方法定干。

早实核桃定干可在定植当年发芽后，进行抹芽作业。即定干高度以下的侧芽全部抹除。若幼树生长未达定干高度，翌年再行定干。遇有顶芽坏死时，可选留靠近顶芽的健壮侧芽，使之向上生长，待达到定干高度以上时再行定干。

（2）培养树形。培养树形主要靠选留主、侧枝和处理各级枝条的从属关系来实现。树体结构是树形的基础，而树体结构是由主干和主、侧枝所构成。因此，培养树形主要是配备好各级骨干枝或者搭好的树冠骨架。培养过程大致可分4步。

第一步，定干当年或第二年，在主干定干高度以上，选留3个不同方位、水平夹角约120度且生长健壮的枝或已萌发的壮芽培养为第一层主枝，层内距离大于20厘米。1～2年完成选定第一层主枝。如果选留的最上一个主干距主干延长枝顶部接近或第一层主枝的层内距过小，都容易削弱中央领导干的生长，甚至出现掐脖现象，影响主干的形成。当第一层预选为主枝的枝或芽确定后，只保留中央领导干延长枝的顶枝或芽，其余枝、芽全部剪除或抹掉。

第二步，一、二层的层间距早实核桃为60～80厘米，晚实核桃为80～100厘米。在一、二层间距以上已有壮枝时，可选留第二层主枝，一般为1～2个。同时，可在第一层主枝上选留侧枝，第一个侧枝距主枝基部的长度早实核桃为40～60厘米，晚实核桃60～80厘米。选留主枝两侧向斜上方生长的枝条1～2个作为一级侧枝，各主枝间的侧枝方向要互相错落，避免交叉，重叠。如果只留两层主枝，则第二层与第一层主枝间的层间距要加大，第二层主枝的选留适当推迟。

第三步，继续培养第一层主、侧枝和选留第二层主枝上的侧枝。由于第二层与第三层间的层间距要求大一些，可延迟选留第三层主枝。

第四步，如果只留两层主枝，第二层主枝为2～3个，则两层主枝的层间距，晚实核桃要在2米左右，早实核桃1.5米左右。并从最上一个主枝的上方落头开心。至此，主干形树冠骨架基本形成。

在选留和培养主、侧枝的过程中，对晚实核桃要注意促其增加分枝，以培养结果枝和结果枝组。早实核桃要控制和利用好二次枝，以加速结果枝组的形成并防止结果部位的迅速外移。还要经常注意非目的性枝条对树形成的干扰，及时剪除主干、主枝、侧枝上的萌蘖、过密枝、重叠枝、细弱枝、病虫枝等。

（四）自然开心形

1. 树形特点　自然开心形核桃树的特点是无明显的中心主干，不分层次，一般都有 2～4 个主枝。树形成形快，结果早，整形容易，便于掌握。适于土层较薄、土质较差、肥水条件不良的地区和树形开张、干性较弱和密植栽培的早实品种。自然开心不分层次，可留 2～4 个主枝，每个主枝选留斜生侧枝 2～3 个（图 6-2）。

| 定干 | 第一年 | 第二年 | 第三年 |

图 6-2　自然开心形整形过程

2. 树形的培养

（1）在定干高度以下留出 3～4 个芽的整形带。在整形带内，按不同方位选留 2～4 个枝条或已萌发的壮芽作为主枝。各主枝基部的垂直距离无严格要求，一般为 20～40 厘米。主枝可 1～2 次选留。选留各主枝的水平距离应一致或相近，并保持每个主枝的长势均衡。

（2）各主枝选定后，开始选留一级侧枝，由于开心形树形主枝少，侧枝应适当多留，即每个主枝应留侧枝 3～4 个。各主枝上的侧枝要上下错落，均匀分布。第一侧枝距主干的距离为早实核桃 0.5～0.7 米，晚实核桃 0.8～1.0 米。

（3）早实核桃五年生，晚实核桃七年生，开始在第一主枝一级侧枝上选留二级侧枝 1～2 个，第二主枝的一级侧枝 2～3 个。第二主枝上的侧枝与第一主枝上的侧枝的间距为早实核桃 0.8～1.0 米，晚实核桃 1.0～1.5 米。至此，开心形的树冠骨架基本形成。

（五）主干形

1. 树形特点　以中干为中心，其上螺旋向上排列 8～10 个的主枝，向四周伸展，下部侧枝略长。干高 1.0～1.5 米，邻近主枝距离 20～30 厘米，主枝基角 90°，梢角大于 90°；一年生主枝长放，隔年短截；树高 4 米左右。

其特点，中干保持绝对优势，主枝可随时更新，主枝枝龄经常保持年轻状态。这种树形通风透光好，结果能力强，树体紧凑，丰产性强，适于早实核桃。

2. 树形培养

（1）定干。要依据苗木情况而定。核桃苗定植后，苗高 1.5 米以上，长势较强的苗在距地面 1.2～1.5 厘米处定干；生长太弱的苗当年不定干，嫁接部位以上保留 3 个芽重截，培养 1 年后再定干。

（2）第一年冬剪。中央领导枝长势中等或偏强者一般仍留原头，中央领导枝选定后在 2/3 处打头，所留的主枝要一律拉平，弱者从饱满芽处短截，强者不短截。

（3）第二年冬剪。与第一年基本相同，但修剪量要轻，低部位的主枝凡强于中央领导干者均要去除，始终保持中央领导干优势。中央领导枝过强者，用弱枝换头。主枝要拉平，过旺直立枝剪除。主枝延长头弱者仍可从饱满芽处短截，强者长放不剪。

（4）第三年冬剪。中央领导枝应保持中庸生长，主枝逐渐增多，过密的要疏除，直立枝要去掉，卡脖现象要注意及时消除，并应平衡主枝长势，主枝新梢可以不短截，保留花芽结果后回缩。

（5）第四年冬剪。树高已达 4 米，主干延长枝也应选择较弱的新梢，控制树高和长势，防止上部生长过旺。同一方向的重叠主枝要保持 50 厘米以上的间距，主枝长度保持 2 米左右，低部主枝过密者，应疏去一部分。对生长势过旺的主枝，要及时削弱或去除。每年应回缩 30％左右的主枝，回缩轻重依主枝后部结果枝的强弱而定，使其交替生长结果。

根据树形和群体结构要求，随时对方位、角度不当的各类枝，通过修剪和拿枝、拉枝、扭枝等方法调整，使之分布合理。随着树体生长，一般每隔 15～20 天，对枝条调整 1 次，直至停长。进行定枝修剪时，疏细弱枝、密生枝、直立强旺枝，徒长枝缩剪或疏除，每株留 100～150 个新梢，其中优质结果枝应在50％以上（图 6-3）。

图 6-3　主干形树形

四、不同年龄树的修剪

（一）幼树的整形修剪

核桃幼树期修剪的主要目的是培养适宜的树形，调节主、侧枝的分布，使各个枝条有充分的生长发育空间，促进树冠形成，为早果、丰产、稳产打下良好的基础。幼树修剪的主要任务包括定干和主、侧枝的培养等。修剪的关键是做好发育枝、徒长枝和二次枝等的处理工作。

1. 幼树的整形 核桃树干性强，芽的顶端优势特别明显，顶芽发育比侧芽充实肥大，树冠层明显，可以采用主干分层形、自然开心形和主干形，树形可根据品种、地形和栽植密度来确定。

（1）定干。树干的高低应该根据品种、地形、栽培管理方法和间作与否来确定。晚实核桃树结果晚、树体高大，主干应留得高一些，在 1.5～2.0 米。如果株行距较大，长期进行间作。为了便于作业，干高可留在 2.0 米以上；如考虑到果材兼用，提高干材的利用率，干高可达 3.0 米以上。早实核桃由于结果早，树体较小，干高可留得矮一些。拟进行短期间作或机械化管理的核桃园，干高可留 1.2～1.5 米；早期密植丰产园干高可定为 0.8～1.2 米。

（2）树形的培养。核桃树可以采用主干分层形、自然开心形和主干形，树形可根据管理方式、品种、地形和栽植密度来确定。具体的整形方法请参照本章三、核桃树形及其整形技术。

2. 幼树的修剪 幼龄树的修剪是在整形的基础上，继续培养和维持良好的树形，是保持丰产的重要措施。对三至四年生以前的幼树，原则上多留枝少短截，只对影响中央干生长的竞争枝进行剪除。当苗干达到一定高度时，可按树形要求，进行修剪，促使在一定的部位分生主枝，形成丰产树形。在幼树时期，应及时控制背后枝、过密枝和徒长枝，增强主枝。对幼树的非骨干枝、强枝和徒长枝要及时疏除，以防与主枝竞争。

（1）主枝和中央领导干的处理。主枝和侧枝延长头，为防止出现光秃带和促进树冠扩大，可每年适当截留 60～80 厘米，剪口芽可留背上芽或侧芽。中央领导干应根据整形的需要每年短截，剪口留在饱满芽的上方，这样可以刺激中央领导干翌年的萌发，使其保持领导地位。

（2）处理好背下枝。核桃背下枝春季萌发早，生长旺盛，竞争力强，容易使原枝头变弱而形成倒拉现象，如不加以控制，会影响枝头的发育，甚至造成原枝头枯死，导致树形紊乱。背后枝处理方法可根据具体情况而定。如果原母枝变弱或分枝角度较小，可利用背下枝或斜上枝代替原枝头，将原枝头剪除或培养成结果枝组；如果背下枝生长势中等，则可保留其结果；如果背下枝生长健壮，结果后可在适当分枝处回缩，将其培养成小型结果枝；如果背后枝已经影响上部枝条的生长，应疏除或回缩背后枝，抬高枝头，促进上部枝的发育。

（3）疏除过密枝。早实核桃分枝早，枝量大，容易造成树冠内部的枝条密度过大，不利于通风透光。因此，对树冠内各类枝条，修剪时应去强去弱留中庸枝。疏枝时，应紧贴枝条基部剪除，切不可留橛，有利于剪口的愈合，以防抽生徒长枝。

（4）徒长枝的利用。早实核桃结果早，果枝率高，坐果率高，造成养分的过度消耗，枝条容易干枯，从而刺激基部的隐芽萌发而形成徒长枝。早实核桃徒长枝的突出特点是第二年都能抽枝结果，果枝率高。这些结果枝的长势，由顶部至基部逐渐变弱，中下部的小枝结果后第三年多数干枯死亡，出现光秃带，造成结果部位外移，容易造成枝条下垂。为了避免这种现象，可利用徒长枝粗壮、结果早的特点，通过短截，或者夏季摘心等方法，将其培养成结果枝组，以充实树冠空间，更新衰弱的结果枝组。但是在枝量大的部位如果不及时控制，会扰乱树形，影响通风透光，这时应该从基部疏除。

（5）控制和利用二次枝。早实核桃具有分枝能力强、易抽生二次枝等特点。分枝能力强是早果、丰产的基础，对提高产量非常有利。但是早实核桃二次枝抽生晚，生长旺，组织不充实，在北方冬季易发生失水、抽条现象，导致母枝内膛光秃，结果部位外移。因此，如何控制和利用二次枝是一项非常重要的内容。对二次枝的处理方法：①若二次枝生长过旺，对其余枝生长构成威胁时，可在其未木质化之前，从基部剪除；②凡在一个结果枝上抽生3个以上的二次枝，可选留早期的1~2个健壮枝，其余全部疏除；③在夏季，对选留的二次枝，若生长过旺，可进行摘心，以促其尽早木质化，并控制其向外伸展；④如果一个结果枝只抽生一个二次枝，且长势较强，可于春季或夏季对其实行短截，以促发分枝，并培养成结果枝组。春、夏季短截效果不同，夏季短截的分枝数量多，春季短截的发枝粗壮。短截强度以中、轻度为宜。

（6）短截发育枝。晚实核桃分枝能力差，枝条较少，常用短截发育枝的方法增加枝量。早实核桃通过短截，可有效增加枝条数量，加快整形过程。短截对象是从一级和二级侧枝上抽生的生长旺盛的发育枝，作用是促进新梢生长、增加分枝，但短截数量不宜过多，一般占总枝量的1/3左右，并使短截的枝条在树冠内部均匀分布。短截根据程度可分为轻短截（剪去枝条的1/3左右）、中短截（剪去枝条的1/2左右）和重短截（剪去枝条的2/3以上）。一般不采用重短截。短截多为枝长的1/4~1/2，短截后一般可萌发3个左右较长的枝条。通过短截，改变了剪口芽的顶端优势，剪口部位新梢生长旺盛，能促进分枝，提高成枝力。对核桃树上中等长枝或弱枝不宜短截，否则刺激下部发出细弱短枝，组织不充实，冬季易发生日烧而干枯，影响树势。

（二）成年树的修剪

核桃树刚进入成年期，树形已基本形成，产量逐年增加，其主要修剪任务是，继续进行主、侧枝的培养，充分利用辅养枝早期结果，积极培养结果枝组，尽量扩大结果部位，为初果期向盛果期的转变做好准备。

1. 结果初期树的修剪　结果初期是指从开始结果到大量结

果前的一段时间。早实核桃 2～4 年进入结果初期，晚实核桃5～6 年进入结果初期。初果树的修剪是继续培养好各级主干枝，充分利用辅养枝早期结果，调节各级主侧枝的主从关系，平衡树势，积极培养结果枝组，增加结果部位。修剪时应去强留弱，或先放后缩，放缩结合，防止结果部位外移。对已影响主侧枝的辅养枝，可以缩代疏或逐渐疏除，给主侧枝让路。对徒长枝，可采用留、疏、改相结合的方法加以处理。对早实核桃二次枝，可用摘心和短截的方法促其形成结果枝组，对过密的二次枝则去弱留强。同时应注意疏除干枯枝、病虫枝、过密枝、重叠枝和细弱枝。

（1）控制二次枝。二次枝抽生晚，生长旺，组织不充实，二次枝过多时，消耗养分多，不利于结果。控制的方法与幼树二次枝的修剪方法基本相同。

（2）利用徒长枝及旺盛营养枝。早生核桃由于结果早、果枝率高、消耗养分多而无法抽生新枝，但基部易萌发徒长枝，这种徒长枝的特点是第二年也能抽生 7～15 个结果枝，要充分利用。但抽生的结果枝由上而下生长势逐渐减弱、变短，第三年中下部的小果枝多干枯脱落，出现光秃节，致使结果部位外移。为此，对徒长枝可采取抑前促后的办法。即春季发芽后短截或春季摘心，即可培养成结果枝组以便得到充分利用。对直径 3 厘米左右的旺盛的营养枝，于发芽前后拉成水平状，可增加果枝量。

（3）短截发育枝。即对较旺的发育枝进行短截，促进多分枝。但短截数量不宜过多，一般每棵树短截枝的数量占总枝量的1/3 左右。短截可根据枝条的发育状况而定。长枝中截剪去 1/2，较短枝轻截，截去 1/3，一般不采用重截。

（4）培养结果枝组。结果初期应该加强结果枝组的培养，扩大结果部位。培养结果枝组的原则是大、中、小配备适当，分布均匀。培养的途径，对骨干枝上的大、中型辅养枝除短截一部分外，对部分直立旺长的枝采取拉平缓放、夏季摘心等方法，促生分枝，形成结果枝组。对树冠内的健壮发育枝，可去直立留平斜，先放后缩培养成中、小型结果枝组，达到尽快扩大结果部位、提高产量之目的

2. 盛果期的修剪　核桃进入结果盛期，树冠仍在继续扩大，结果部位不断增加，容易出现生长与结果之间的矛盾，有些还会出现郁闭和大小年的现象，这一时期保障核桃高产稳产是修剪的主要任务。此时修剪以"保果增产，延长盛果期"为主。对冠内外密生的细弱枝、干枯枝、重叠枝、下垂枝、病虫枝要从基部剪除，改善通风和光照条件，促生健壮的结果母枝和发育枝。对内膛抽生的健壮枝条应适当控制保留，以利于内膛结果。对过密大枝，要逐年疏除或回缩，剪时伤口削平，以促进良好愈合。因此，在修剪上应注意培养良好的结果枝组，利用好辅养枝和徒长枝，及时处理背后枝与下垂枝。

（1）调整骨干枝和外围枝。核桃树进入盛果期后，由于树体结构已经基本形成树冠，扩大明显减缓，开始大量结果，大、中型骨干枝常出现密集和前部下垂现象。尤其是晚实核桃，由于腋花芽结果较少，结果部位主要在枝条先端，随着结果量的逐渐增多，特别是在丰产年份，大、中型骨干枝常出现下垂现象，外围枝伸展过长，下垂得更严重。因此，此期对骨干枝和外围枝的修剪要点是，及时回缩过弱的骨干枝，回缩部位可在向斜上生长侧枝的前部。按去弱留强的原则疏除过密的外围枝，对有可利用空间的外围枝，可适当短截，从而改善树冠的通风透光条件，促进保留枝芽的健康生长。

（2）结果枝组的培养与更新。加强结果枝组的培养、扩大结果部位、防止结果部位外移是保证盛果期核桃园丰产稳产的重要措施，特别是晚实核桃，结果枝组的培养尤为重要。

培养结果枝组的原则是大、中、小配置适当，均匀地分布在各级主、侧枝上，在树冠内的总体分布是里大外小、下多上少，使内部不空、外部不密，通透良好，枝组间保持 0.6～1.0 米的

距离。

培养结果枝组的途径主要有 3 条：①对着生在骨干枝上的大、中型辅养枝，经回缩改造成大、中型结果枝组；②对树冠内的健壮发育枝，采用去直立留平斜，先放后缩的方法培养成中、小型结果枝组；③对部分留用的徒长枝，应首先开张角度，控制旺长，配合夏季摘心和秋季于"盲节"处短截，促生分枝，形成结果枝组。

结果枝组经多年结果后，会逐渐衰弱，应及时更新复壮。其方法：①对二至三年生的小型结果枝组，视树冠内的可利用空间情况，按去弱留强的原则，疏除一些弱小或结果不良的枝条；②对于中型结果枝组，可及时回缩更新，使其内部交替结果，同时控制枝组内旺枝；③对大型结果枝组，应注意控制其高度和长度，以防"树上长树"，如属于已无延长能力或下部枝条过弱的大型枝组，则应进行回缩修剪，以保证其下部中、小型枝组的正常生长结果。

（3）辅养枝的利用与修剪。辅养枝是指着生于骨干枝上、不属于所留分枝级次的辅助性枝条。这些枝条多数是在幼树期为加大叶面积、充分占用空间、提早结果而保留下来的，属临时性枝条。对其修剪的要点：当与骨干枝不发生矛盾时，可保留不动；如果影响主、侧枝的生长，就应及时去除或回缩。辅养枝应小且短于邻近的主侧枝，当其过旺时，应去强留弱或回缩到弱分枝处。对长势中等、分枝良好、又有可利用空间者，可剪去枝头，将其改造成结果枝组。

（4）徒长枝的利用和修剪。成年树随着树龄和结果量的增加，外围枝长势变弱，加之修剪和病虫为害等原因，易造成内膛骨干枝上的潜伏芽萌发，形成徒长枝，早实核桃更易发生。处理方法可视树势及内膛枝条的分布情况而定。如内膛枝条较多，结果枝组又生长正常，可从基部疏除徒长枝，如内膛有空间，或其附近结果枝组已衰弱，则可利用徒长枝培养成结果枝组，促成结果枝组及时更新。尤其在盛果末期，树势逐渐衰弱，产量开始下降，枯枝增多，更应注意对徒长枝的选留与利用。

（5）背下枝的处理。核桃树倾斜着生的骨干枝的背后枝，其生长势多强于原骨干枝，形成倒流水现象，这是核桃区别于其他果树的特点之一，也称为核桃的背下优势。如果不及时处理核桃的背下枝，往往造成"主""仆"关系颠倒，严重的造成原枝头枯死。

第一层主侧枝上的背下枝，要及时从基部疏除，而且越早越好，宜早不宜迟，以防影响骨干枝的生长。

根据主侧枝的着生角度及大小决定去留。如果背下枝生长势强于原枝头，方向角度又合适，可用背下枝取代原枝头，将原枝头剪除，如果有空间也可把原枝头培养成结果枝组，但必须注意抬高背下枝头的角度，以防下垂；如果背下枝角度过大、方向不理想，可疏除背下枝，保留原枝头，如果有空间也可把背下枝培养成结果枝组，但必须控制背下枝头的大小生长势。如果背下枝与原枝头长势相差不大，应及早疏除背下枝，保留原枝头；如果背下枝较弱的，可先放后回缩，培养成结果枝组。

（6）清理无用枝条。应及时将长度在 6 厘米以下、粗度不足 0.8 厘米的细弱枝条疏除，原因是这类枝条坐果率极低。内膛过密、重叠、交叉、病虫枝和干枯枝等也应剪除，以减少不必要的养分消耗和改善树冠内部的通风透光条件。

此外，对早实核桃的二次枝处理方法基本上同幼龄阶段，只是要特别强调防止结果部位的迅速外移，对外围生长旺的二次枝应及时短截或疏除。

（三）衰老树的修剪

核桃树寿命长，在良好的环境和栽培管理条件下，生长结果可达上百年甚至数百年。在管理粗放的条件下，早实核桃 40～60 年、晚实核桃 80～100 年以后就进入衰老期。当核桃树的长势衰退时，应有计划地重剪更新，以恢复树势，延长结果年限。着重对多年生枝进行回缩修剪，在回缩处选留一个辅养枝，促进伤口愈合和隐芽萌芽，使其成为强壮新枝，复壮树势。对过于衰弱的老树，可逐年进行对多年生骨干枝的更新，利用隐芽萌发强壮的徒长枝，重新形成树冠，使树体生长健旺。修剪的同时应与施肥、浇水、防治病虫害等管理结合起来，效果更好。

1. 主干更新 主干更新又称为大更新，即将主枝全部锯掉，使其重新发枝并形成主枝。这种更新修剪量大，树势恢复慢，对产量影响也大，是在不得已的情况下进行的挽救措施。具体做法有两种：①对主干过高的植株，可从主干的适当部位，将树冠全部锯掉，使锯口下的潜伏芽萌发新枝。核桃树潜伏芽的寿命较长，数量较多，回缩后，潜伏芽容易萌发成枝，然后从新枝中选留位置适宜、生长健壮的2～4个枝，培养成主枝。②对主干高度适宜的开心形植株，可在每个主枝的基部将其锯掉。对主干形植株，可先从第一层主枝的上部锯掉树冠，再从各主枝的基部锯掉，使主枝基部的潜伏芽萌芽发枝。

2. 主枝更新 主枝更新也称为中度更新，即在主枝的适当部位进行回缩，使其形成新的侧枝。具体做法：选择健壮的主枝，保留50～100厘米长，将其余部分锯掉，使其在主枝锯口附近发枝。发枝后，在每个主枝上选留位置适宜的2～3个健壮的枝条，将其培养成一级侧枝。

3. 枝组更新 枝组更新对衰弱明显的大、中型结果枝组，进行重回缩，短截到健壮分枝处，促其发生新枝；小型枝组去弱留壮、去老留新；树冠内出现的健壮枝和徒长枝，尽量保留培养成各类枝组，以代替老枝组。另外应疏去多余的雄花序，以节约养分，增强树势。

4. 侧枝更新 侧枝更新也称为小更新，即将一级侧枝在适当的部位进行回缩，使之形成新的二级侧枝。这种更新方法的优点主要是新树冠形成和产量增加均较快。具体做法：在计划保留的每个主枝上，选择2~3个位置适宜的侧枝，在每个侧枝中下部长有强旺分枝的前端或上部剪截。对枯梢枝要重剪，促其从下部或基部发枝，以代替原枝头。疏除所有的枯枝、病枝、单轴延长枝和下垂枝。

对更新的核桃树，必须加强土、肥、水和病虫害防治等综合管理，以防止当年发不出新枝，造成更新失败。

（四）放任树的修剪

核桃放任树是指管理粗放、很少修剪的树，树体大枝过多，层次不清；结果部位外移，内膛空虚；生长衰弱，坐果率低；衰老树自然更新现象严重。目前，我国放任生长的核桃树仍占相当大的比例。这类树的具体表现：枝干直立生长，侧生分枝少，枝条分布不合理，多交叉重叠，且长势弱，层次不清，枝条紊乱，从属关系不明；主枝多轮生、叠生、并生，掐脖现象严重；内膛郁闭，由于主枝延伸过长，先端密集，基部秃裸，造成树冠郁闭，通风透光不良，内膛空虚，结果部位外移；结果枝细弱，落果严重，坐果率一般只有20%，且品质差；衰老树外围焦梢，结果能力低，甚至不能形成花芽；从大枝的中下部萌生大量徒长枝，形成自然更新，重新构成树冠。一部分幼旺树可通过高接换优的方法加以改造。对大部分进入盛果期的核桃大树，在加强地下管理的同时可进行修剪改造，以迅速提高核桃的产量、品质。

1. 树形改造　根据核桃树生长特点，一般可改造为主干分层形、自然开心形或主干形等，要灵活掌握，因树造型，以达到尽早结果的目的。如果中心领导干明显，可改造成主干分层形或主干形；如果中心领导干已很衰弱或无中心领导干的，可改造成自然开心形。

2. 因树修剪　衰老树修剪时，首先疏除多年生密集大枝，去弱枝留壮枝，其次，疏除所有干枯病虫枝，回缩下垂枝，收缩树冠，充分利用旺枝、壮枝，更新复壮树势。旺树修剪时，首先应注意对全树统一安排，除去无效枝，达到通风透光的目的。调整配备好骨干枝，使枝条营养集中，健壮充实，提前形成混合芽。其次要保护内膛斜生枝和外围已形成混合芽的枝条。采用一放、二放（待分枝后，回缩到分枝处）、三回缩的方法，促使形成结果枝组。

3. 大枝的选留　大枝过多是一般放任生长树的主要矛盾，应首先解决主要矛盾，因树造型，按主干分层形或自然开心形的标准选留5～7个主枝，第一层要根据生长方向，选3～4个主枝，重点疏除密集的重叠枝、并生枝、交叉枝和病虫危害枝。为避免一次疏除大枝过多，可以对一部分交叉重叠的大枝先行回缩，分年处理。

有些生长直立、主从不分、主枝过多的品种（如新丰、纸皮等）由于每年趋向于极性生长，下部枝条大量枯死，各级延长头过强过旺形成抱握生长态势，较难处理。对这种树，除疏多余大枝、消除竞争外，对各级主枝延长头的处理分级次处理，要分年度，不可过重，以免内膛太空或内膛枝徒长，并要结合夏季修剪，去除剪口和锯口部位萌发的直立枝条，以促进下部枝条复壮，均衡营养，逐步复壮。

还有些品种，中干明显，主枝级次较乱，树冠开张（如新光、扎343等），由于体现了中干优势，易形成上强下弱，下部主枝衰弱甚至枯死，内膛郁闭，造成大量结果枝枯死，结果部位外移，主枝顶端因结果而下垂衰弱，背上枝形成重叠，严重影响负载量。对于这类树的修剪，应视情况落头，对中型枝组要根据生长空间选留一定数量的侧枝，多余的要进行疏除、回缩，对于各级主枝要疏除下垂衰弱枝组，选健壮枝组留头，背上着生的大枝组和一年生直立枝条要疏除，使逐步恢复生长势。对于结果枝组要选留生长健壮、着生位置好的枝条，疏除衰弱枝以培养稳定健壮的结果枝组。

4. 外围枝条的调整　对于冗长细弱的下垂枝，必须适时回缩，抬高角度，衰老树的外围枝大部分是中短果枝和雄花枝，应适当回缩，用粗壮的枝带头。

5. 结果枝组的培养和更新　选侧斜生枝及无二次生长的粗壮枝，多采用先放后缩或先缩后放的方法，培养结果枝组。处理好过密枝、瘦弱枝、背后枝、背上直立枝，使整个枝组形成大、中、小配备，粗壮、短而结果紧凑的枝组。结果枝组的更新复壮，一般采用压前促后，缩短枝量，增加分枝级数，本着去弱留壮疏除干枯枝，减少消耗，集中营养，促使更新复壮，保持健壮结果枝组。

以上修剪量应根据立地条件、树龄、树势、枝量灵活掌握，各大、中、小枝的处理也必须全盘考虑，做到因树修剪，随枝做形。另外，应与加强土肥水管理结合，否则，难以收到良好的效果。

五、早实和晚实核桃修剪特点

（一）早实核桃修剪特点

早实核桃幼龄期短，开花结果较早，嫁接当年或第二年基本都能开花，比晚实核桃提早结果3～5年。早实核桃的花枝率极高。早实核桃萌芽力、成枝力都比晚实核桃强，二次分枝是早实核桃区别于晚实核桃的又一特性。所谓二次分枝是指春季一次枝生长封顶以后，由近顶部1～3个芽再次抽生新枝；而晚实核桃一年只抽生一次枝。如不及时合理地修剪，极易造成树形紊乱，结果部位外移，既影响产量，又影响核桃质量。

鉴于早实核桃的生长发育特性，拟在幼树阶段培养良好的树形和牢固的骨架，就需用修剪手段来调整扩大树冠与结果的关系，达到既丰产又稳产的目的。因此，在幼树阶段应本着以养树为主，在保证不断扩展树冠的前提下逐年增加产量。其整形修剪措施如下。

1. 抹芽 为了集中养分，促进当年长高，定植当年对幼树进行抹芽，即保留顶部的健壮芽，其余抹掉。

2. 定干 矮化密植园一般定干高度 0.8～1.2 米。乔化稀植园一般定干高度 1.2～1.5 米。推广当年不定干，嫁接部位以上保留 3 个芽重截，培养 1 年后再定干。以自然开心形为主，保留 2～3 个主枝，在剪截定干时，按不同方位选 3～4 个健壮的芽，其余的芽抹掉，一般在萌芽后进行。

3. 背下枝的修剪处理 核桃背下枝是指从主侧枝和各级分枝的背下芽抽生的一种竞争力很强的枝条，这种枝常易徒长、下垂，如不及时修剪处理，极易使主侧枝角度加大，产生倒拉现象，2～3 年便使上部枝条生长减弱或枯死，是造成树形紊乱的特殊枝。在树冠下部，主侧枝背下抽生的竞争枝一律从基部剪除，以保持正常树形。在树冠中上部，主侧枝抽生的背下枝为了开张主侧枝的角度可以短截或保留。

4. 二次枝的修剪处理 由于早实核桃具有抽生二次枝特性，修剪时也应重视，二次抽生得晚，生长快，枝条往往不充实，寒冷地区易出现抽条现象。去弱留强扩大树冠，直立过旺的二次枝，长到 30～50 厘米时应摘心或短截（1/3～1/2），促进分枝，增加结果部位。对内膛抽生的二次枝，有生长空间的短截 1/3 以上，无生长空间的从根部剪除。

5. 徒长枝的修剪 潜伏芽受到刺激后萌发徒长枝，早实核桃萌发的徒长枝第二年均能大量结果，是更新结果枝组的极好枝条，根据树形和生长空间来调整需求，疏除、短截或长放徒长枝。早实核桃连续结果 2 年后，特别是肥水条件差的地方，结果母枝很易衰老，甚至死亡，因此对 2～3 年连续结果的母枝，要及早回缩到基部潜伏芽处，这样可促使抽生较长的徒长枝，当年可形成混合芽，再经轻度短截后，又可发生 3～4 个结果母枝，形成新的结果枝组。

6. 疏除细弱无效枝 早实核桃侧生枝结果率高，为节约营养，应及时把长度在 6 厘米以下、粗度不足 0.8 厘米的细弱枝疏掉，剪除内膛过密、重叠、交叉、干枯、病虫枝，减少弱芽弱枝的营养消耗。

7. 早实核桃的大更新 对严重衰老树，除积极培肥地力外，要采取大更新的办法，选择有生命力的地方一次性剪截至主侧枝的基部，促其重发新枝，达到早期更新，恢复树势。

（二）晚实核桃修剪特点

晚实核桃六至八年生开始结果，结实晚；分枝力弱，二年生晚实核桃分枝率只有 6.5%，只有顶芽抽生 1 个延长枝，四年生晚实核桃平均分枝 6 个左右，最多 9 个；晚实核桃一年只抽生一次枝；树体高大，树高 10～30 米。定干可高些，一般为 1.5～3.0 米。山地或园片式栽培为 1.5～2.0 米，如为了提高干材利用率，干高可定为 3.0 米左右。晚实核桃分枝能力差，枝条较少，常用短截发育枝的方法增加枝量。

1. 幼树 充分利用顶端优势，采用高截、低留的定干整形法，即达到定干高度时剪截，低时留下顶芽，待到高度时采用破顶芽或短截手法，促使幼树多发枝，加快分枝级数，扩大营养面积。在 5～6 年内选留出各级主侧枝，尽快形成骨架，为丰产打下坚实的基础，达到早成形、早结果之目的。

2. 初果期树 此期树体结构初步形成，应保持树势平衡，疏除改造直立向上的徒长枝，疏间外围的密集枝及节间长的无效枝，保留充足的有效枝量（粗、短、壮），控制强枝向缓势发展（夏、秋拿，拉、换头），充分利用一切可以利用的结果枝（包括下垂枝），达到早结果、早丰产。

（1）短截发育枝。晚实核桃分枝能力差，枝条较少，常用短截发育枝的方法增加枝量。将从一级和二级侧枝上抽生的生长旺盛的发育枝进行短截，促进新梢生长，增加分枝。剪截长为枝长的 1/4～1/2，短截后一般可萌发 3 个左右较长的枝条。通过短截，改变了剪口芽的顶端优势，剪口部位新梢生长旺盛，能促进分枝，提高成枝力。对核桃树上中等长枝或弱枝不宜短截，否则刺激下部发出细弱短枝，组织不充实，冬季易发生日烧而干枯，影响树势。

（2）利用徒长枝及旺盛营养枝。早生核桃由于结果早，果枝率高，消耗养分多而无法抽生新枝，但基部易萌发徒长枝，这种徒长枝的特点是第二年也能抽生 7～15 个结果枝，要充分利用。但抽生的结果枝由上而下生长势逐渐减弱、变短，第三年中下部的小果枝多干枯脱落，出现光秃节，致使结果部位外移。为此，对徒长枝可采取抑前促后的办法。即春季发芽后短截或春季摘心，即可培养成结果枝组以便得到充分利用。对直径 2.0 厘米以上的旺盛的营养枝，于发芽前后拉成水平状，可增加果枝量。

（3）培养结果枝组。结果初期应该加强结果枝组的培养，扩大结果部位。培养结果枝组的原则是大、中、小配备适当，分布均匀。培养的途径为对骨干枝上的大、中型辅养枝短截一部分，对部分直立旺长的枝采取拉平缓放、夏季摘心等方法，促生分枝，形成结果枝组。对树冠内的健壮发育枝，可去直立留平斜，先放后缩，培养成中、小型结果枝组，达到尽快扩大结果部位、提高产量之目的。

3. 盛果期树　骨架已形成，树冠极易郁闭，无效枝增多，内膛光照不良，主从关系大小不均，往往出现下垂、光腿、横生、倒拉，致使结果母枝早衰，结果部位外移，造成顶端结果，产量不高。盛果期树主要修剪要点是疏病枝、透阳光、缩外围、促内膛、抬角度、节营养、养枝组、增产量。特别是要做好抬、留的科学运用，绝对不能一次处理下垂枝，要本着三抬一、五抬二的手法；下垂枝连续三年生的可疏去一年生枝，五年生缩至二年生处，留向上枝；抬高枝角度，复壮枝势，充实结果母枝，达到稳产、高产之目的。

4. 衰老树更新 首先，疏除病虫枯枝、密集无效枝，回缩外围枯梢枝至有生长能力的部位，促其萌发新枝。其次，要充分利用好一切可利用的徒长枝，尽快回复树势，继续结果。对严重衰老树，要采取大更新，即在主干及主枝上截去衰老部分的 $1/3 \sim 2/5$，保证一次性重发新枝，3 年后可重新形成新树冠。衰老树的更新方法请参照本章四、不同年龄树的修剪（四）衰老树的修剪。

第七章
核桃的花果管理

一、核桃开花特性及授粉受精

（一）开花特性

1. 雄花 核桃为雌雄同株异花树。雄花芽单性，为裸芽，多着生在一年生枝条的中部或中下部，数量不等，单生或叠生，形状为短圆锥形，萌发后形成荑黄花序。核桃雄花序长 10～20厘米，偶有 20～25 厘米的花序，每花序着生 100～180 朵小花，每朵雄花有雄蕊 12～25 枚，花药黄色，每个药室约有花粉 900粒，有生活力的花粉约占 25％，当气温超过 25℃时，会导致花粉败育，降低坐果率。从新疆引种的早实核桃二次花上，也发现有雌雄同花现象，不过，雄花多不具花药，不能散粉；也有的雌雄同序，但雌花多随雄花脱落。上述两种特殊情况基本上没有生产意义。

春季雄花芽开始膨大伸长，由褐色变绿，从基部向顶部膨大，经过 6～8 天花序开始伸长，基部小花开始分离，萼片开裂并能看到绿色花药，此为初花期。再经过 6 天左右，花序达一定长度，小花开始散粉，此为盛花期，其顺序是由基部逐渐向顶端开放，2～3 天散粉结束。散粉结束后花序变黑而干枯。散粉期如遇低温、阴雨、大风等，将对授粉受精不利。雄花过多，消耗养分和水分过多，会影响树体生长和结果。试验表明，适当疏雄（除掉雄芽或雄花约 95%）有明显的增产效果。

2. 雌花　核桃雌芽为混合芽，晚实核桃混合芽着生于结果母枝顶端及以下 1～3 节，早实核桃结果母枝的侧芽多为混合芽。混合芽大，圆形，萌发后抽生结果枝，雌花呈总状花序，着生于结果枝顶端。核桃雌花可单生、2～4 朵簇生和 5～9 朵序生。雌花长约 1 厘米，宽约 0.5 厘米，柱头二裂，成熟时反卷，常有黏液分泌物，子房 1 室。

春季混合花芽萌发后，结果枝伸长生长，在其顶端出现带有羽状柱头和子房的幼小雌花，雌花初显露时幼小子房露出，二裂柱头抱合，此时无授粉受精能力。5～8 天后，子房逐渐膨大，羽状柱头开始向两侧张开，此时为初花期。此后，经过 4～5 天，当柱头呈倒"八"字形时，柱头正面凸起且分泌物增多，为雌花盛花期，此时接受花粉能力最强，为授粉最佳时期。再经 3～5 天，柱头表面开始干涸，柱头反卷，授粉效果较差。之后柱头逐渐枯萎，失去授粉能力。

3. 雌雄异熟性　核桃雌雄花的花期不一致，称为雌雄异熟性。雄花先开者称为雄先型，雌花先开者称为雌先型，雌雄花同时开放者为雌雄同熟型，但这种情况很少，各种类型因品种不同而异。多数研究认为，雌雄同熟型的产量和坐果率最高，雌先型次之，雄先型最低。雌雄花期先后与坚果整齐度等性状的优劣无关，然而在果实成熟期方面存在明显的差异，雌先型品种较雄先型早成熟 3～5 天。

雌雄异熟性决定了核桃栽培中配置授粉树的重要性。据观察，核桃雌先型比雄先型树雌花期早 5～8 天，雄花期晚 5～6 天；铁核桃主栽品种多为雄先型，雄花比雌花提早开放 15 天左右。不同品种间的雌雄花期大多能较好地吻合，可相互授粉。雌雄异熟是异花授粉植物的有利特性。核桃植株的雌雄异熟乃是稳定的生物学性状，尽管花期可依当年的气候条件变化而有差异，然异熟顺序性未发现有改变；同一品种的雌雄异熟性在不同生态条件下亦表现比较稳定。

核桃花期的早晚受春季气温的影响较大。如云南漾濞的核桃花期较早，3 月上旬雄花开放，3 月下旬雌花开放；北京地区雄花开放始期为 4 月上旬，雌花为 4 月中旬；而辽宁旅顺、大连的花期最晚，5 月上旬为雌雄花开放始期。即使同一地区不同年份，花期也有变化。对一株树而言，雌花期可延续 6～8 天，雄花期延续 6 天左右；一个雌花序的盛期一般为 5 天，一个雄花序的散粉期为 2～3 天。

4. 二次花　核桃一般每年开花一次，但早实核桃具有二次开花结实的特性。二次花着生在当年生枝顶部。花序有 3 种类型：①雌花序，只着生雌花，花序较短，一般长 10～15 厘米；②雄花序，花序较长，一般为 15～40 厘米；③雌雄混合花序，下半序为雌花，上半序为雄花，花序最长可达 45 厘米，一般易坐果。此外，早实核桃还常出现两性花，一种是子房基部着生 8 枚雄蕊，能正常散粉，子房正常，但果实很小，早期脱落；另一种是在雄蕊中间着生一发育不正常的子房，多早期脱落。二次雌花多在一次花后 20～30 天时开放，如能坐果，坚果成熟期与一次果相同或稍晚，果实较小，用作种子能正常发芽。用二次果培育的苗木与一次果苗木无明显差异。

（二）授粉受精

核桃是风媒花。花粉传播的距离与风速、地势等关，在一定距离内，花粉的散布量随风速增加而加大，但随距离的增加而减少。据研究报道，最佳授粉距离在距授粉树 100 米以内，超过 300 米，几乎不能授粉，这时需进行人工授粉。花粉在自然条件下的寿命只有 5 天左右。据研究报道，刚散出的花粉生活力高达 90%，放置一天后降至 70%，在室内条件下，6 天后全部失活，即使在冰箱冷藏条件下，采粉后12天，生活力也下降到20%以下。在一天中，以上午9~10时、下午3~4时给雌花授粉效果最佳。

核桃的授粉效果与天气状况及开花情况有较大关系。多年经验证明，凡雌花期短、开花整齐者，其坐果率就高；反之则低。据调查，雌花期5~7天的品种，坐果率高达80%~90%，8~11天的品种坐果率在70%以下，12天的品种坐果率仅为36.9%。花期如遇低温阴雨天，则会明显影响正常的授粉受精活动，降低坐果率。

有些核桃品种或类型不需授粉，也能正常结出有活力的种子，这种现象称为孤雌生殖，对此国内外均有报道。有报道称，核桃孤雌生殖率可达4.08%~43.7%，且雄先型树高于雌先型树。国外有研究曾观察了38个中欧核桃品种在9年中的表现，其中有孤雌生殖现象者占18.5%。此外，用异属花粉授粉，或用吲哚乙酸、萘乙酸及2，4-滴等处理，或用纸袋隔离花粉，均可使核桃结出有种仁的果实。这表明，不经授粉受精，核桃也能结出一定比例的有生殖能力的种子。

（三）人工授粉提高坐果率

核桃属于异花授粉树种，虽也存在着自花结实现象，但坐果率较低；核桃存在着雌雄花期不一致的现象，且为风媒花，自然授粉受各种条件限制，致使每年坐果情况差异较大。幼树开始结果的第二至三年只形成雌花，没有或很少有雄花，因而影响授粉和结果。某些品种的同一株树上，雌雄花期可相差20多天。花期不相遇常造成授粉不良，严重影响坐果率和产量。零星栽种的核桃树，这种现象更为严重。实践证明，在雌花盛期进行人工授粉，可提高坐果率17.3%~19.1%，两次人工授粉，其坐果率可提高26%。为了提高坐果率，增加产量，可以进行人工辅助授粉。授粉应在核桃树初花期到盛花期进行。

1. 采集花粉 从生长健壮的成年树上，采集由绿变黄将要散粉或刚刚散粉的雄花序，放在干燥的室内或无阳光直射的地方晾干，在 20～25℃ 条件下，经 1～2 天即可散粉，然后将花粉收集在指形管或青霉素瓶中，置于 2～5℃ 条件下备用，花粉生活力在常温下可保持 5 天左右，在 3℃ 冰箱中可保持 20 天以上。瓶装花粉应适当通气，以防发霉。为适应大面积授粉的需要，可将原粉加以稀释，一般按 1：10 的比例加入淀粉，稀释后的花粉同样可以收到良好的授粉效果。

小面积授粉，也可直接保鲜贮藏雄花序。从生长健壮的成年树上，采集由绿变黄伸长末期将要散粉的雄花序，置于 0～5℃ 条件下保鲜贮藏备用。

2. 选择授粉适期 当雌花柱头开裂并呈倒八字形、柱头羽状凸起分泌大量黏液并具有一定光泽时，为雌花接受花粉的最佳时期。此时正值雌花盛期，时间为 2～3 天，雄先型植株此期只有 1～2 天，要抓紧时间授粉。有时因天气状况不良，同一株树上雌花期早晚可相差 7～15 天，可分两次进行授粉。

3. 授粉方法 对树体较矮小的早实核桃幼树，可以把保鲜贮藏雄花序挂放于树冠顶部，自然授粉；可用授粉器授粉，将花粉装入喷粉器的玻璃瓶中，在树冠中上部喷洒，喷头要在柱头30 厘米以上，此法授粉速度快，但花粉用量大；也可用新毛笔蘸少量花粉，轻轻弹在柱头上，注意不要直接往柱头上抹，以免授粉过量或损坏柱头，导致落花。对成年树或高大的晚实核桃树可采用花粉袋抖授法，将花粉装入 2～4 层纱布袋中，封严袋口，拴在竹竿上，然后在树冠上方迎风面轻轻抖撒。也可将保鲜贮藏雄花序或即将散粉的雄花序采下，每 4～5 个为 1 束，挂在树冠上部，任其自由散粉，效果也很好，还可免去采集花粉的麻烦。此外，还可将花粉配成悬浮液（花粉与水之比为 1：3 000～5 000）进行喷洒，有条件时可在水中加 2% 蔗糖和 0.02% 硼酸，可促进花粉发芽和受精，此法既节省花粉，又可结合叶面喷肥进行，适合山区或水源缺乏的地区应用。

（四）早疏雄花节省营养

核桃是雌雄同株异花植物，雌花着生在结果枝顶端，雄花着生在同一结果母枝的基部或雄花枝上，核桃雄花数量大，远远超出授粉需要，可以疏除一部分雄花。生产实践证明，在雄花和雌花的发育过程中，需要消耗大量树体内贮藏的营养，尤其是在雄花快速生长和雄花大量开花时，消耗更为突出，此时，树体有限的营养和水分往往成为限制雌花生长发育和开花坐果的因素。尤其在核桃花期，正值我国北方干旱季节，水分往往成为生殖活动的限制因子，而雄花芽又位于雌花芽的下部，处于争夺水分和养分的有利位置，大量雄花芽的发育势必影响到结果枝的雌花发育。提早疏除过量的雄花芽，可以节省树体的大量水分和养分，有利当年雌花的发育，提高当年坚果产量和品质，同时也有利于新梢的生长和花芽分化。故采取人工剪除或喷施"核桃化学去雄剂"，疏除过多的雄花能够使有限的养分和水分供应开花坐果和果实发育。研究表明，疏除 90％～95％雄花序，能减少树体部分养分的无效消耗，促进树体内水分、养分集中供应开花、坐果和果实生长发育，因而大幅度的提高产量和质量。不仅有利于当年树体生长发育，提高果实品质和产量，同时也有利于新梢的生长，保证翌年的生产。

1. 疏雄时期　原则上以早疏为宜，一般以雄花芽未萌动前 20 天内进行为宜，雄花芽开始膨大时，为疏雄的最佳时期。因为休眠期雄芽比较牢固，操作麻烦，雄花序伸长时，已经消耗营养，对树是不利的。北方地区一般在 3 月下旬至 4 月上旬。

2. 疏雄数量　雌花序与雄花序之比为 1：（5～6），每个雄花序有雄花 100～180 个。雌花序与雄花（小花）数之比为 1：（500～1 080）。若疏去 90％～95％的雄花序，雌花序与雄花之比仍可达 1：（25～60），完全可以满足授粉的需要。但雄花芽较少的植株和初果期的幼树，可以不疏雄。

3. 疏雄方法 一般采取人工剪除，用手抹去或用木钩去掉。也可采用核桃化学去雄法，用浓度为 1 550～1 570 毫克/千克的甲哌镓和 121～123 毫克/千克的乙烯利混合液于雄花序萌动至伸长期喷雾于雄花序上即可。此法可以使核桃雄花在 24～100 小时以内大量脱落。有助于提高核桃产量和品质。

二、核桃结果特性及合理负载

（一）结果特性

不同类型和品种的核桃树开始结果年龄不同，早实核桃 2～3 年，晚实核桃 5～6 年开始结果。初结果树，多先形成雌花，2～3 年后才出现雄花。成年树雄花量多于雌花几倍、几十倍，在雄花和雌花在发育过程中，需要消耗大量树体内贮藏的营养，尤其是在雄花快速生长和雄花大量开花时，消耗更为突出，以至因雄花过多而影响果实产量和品质。

早实核桃树各种长度的当年生枝，只要生长健壮，都能形成混合芽。晚实核桃树生长旺盛的长枝，当年都不易形成混合芽，形成混合芽的枝条长度一般在 5～30 厘米。

成年树以健壮的中、短结果母枝坐果率最高。在同一结果母枝上以顶芽及其以下第一至二个腋花芽结果最好。坐果的多少与品种特性、营养状况、气候状况和所处部位的光照条件等有关。一般一个果序可结 1～2 果，有些品种也可着生 3 或多果。着生于树冠外围的结果枝结果情况较好，光照条件好的内膛结果枝也能结果。健壮的结果枝在结果的当年还可形成混合芽，结果枝中有 96.2％于当年继续形成混合芽，而弱果枝中能形成混合芽的只占 30.2％，说明核桃结果枝具有连续结实的能力。核桃喜光与合轴分枝的习性有关，随树龄增长，结果部位迅速外移，果实产量集中于树冠表层。早实核桃二次雌花一般也能结果，所结果实多呈一序多果穗状排列。二次果较小，但能成熟并具发芽成苗能力，苗木的生长状况同一次果的苗无差异，且能表现出早实特性，所结果实体形大小也正常。

（二）果实的发育

核桃果实发育是从雌花柱头枯萎到总苞变黄开裂，坚果成熟的整个过程。此期的长短因品种、气候和生态条件的变化而异，一般南方为170天左右，北方为120天左右。核桃果实发育大体可分为4个时期。

1. 果实速长期 一般在5月初至6月初，30～35天，是果实生长最快的时期，其体积生长量约占全年总生长量的90%以上，重量则占70%左右，日平均绝对生长量达1毫米以上。

2. 果壳硬化期 果壳硬化期又称为硬核期。北方在6月下旬，坚果核壳自基部向顶部逐渐变硬，种仁由糯糊状物变成嫩核仁，果实大小基本定型，生长量减小，营养物质开始迅速积累。

3. 油脂迅速转化期 油脂迅速转化期亦称为种仁充实期，从硬核期到果实成熟，果实略有增长，到8月上中旬停止增长，此时果实已达到品种应有的大小。种仁内淀粉、糖和脂肪等含量迅速增加，同时，核仁不断充实，重量迅速增加，含水率下降，风味由甜淡变香脆。

4. 果实成熟期 果实成熟期在8月下旬至9月上旬。果实各部分已达该品种应有的大小，坚果重量略增加，青果皮由深绿、绿色逐渐变为黄绿色或黄色，有的出现裂口，坚果易脱出。据研究，此期坚果含油量仍有较多增加，为保证品质，不宜过早采收。

（三）疏花疏果及合理负载

1. 疏雌花　近年来，早实核桃栽培面积不断增加，生产上常因结果量大，使果实变小，核壳发育不完整，种仁干瘪，发育枝少而短，结果枝细而弱，严重时造成大量枝条干枯，树体衰弱。为保证树体健壮，高产稳产，延长结果期，除了加强肥水管理和修剪复壮外，还要维持树体的合理负载，疏除过多的雌花和幼果。

（1）疏花时间。雌花在发育过程中，需要消耗大量树体内贮藏的营养。因此，从节约树体营养角度而言，疏花时间宜从现蕾至盛花期末进行。

（2）疏花方法。先疏除弱枝或细弱枝上的花，也可连同弱枝一同剪掉；每个花序有 3 朵以上花的，视结果枝的强弱，可保留 3 朵，坐果部位在冠内要分布均匀，郁闭内膛可多疏。特别注意，疏花仅限于坐果率高的早实核桃品种。

2. 疏幼果　早实核桃以侧花芽结果为主，雌花量较大，到盛花期后，为保证树体营养生长与生殖生长的相对平衡，保持优质高产稳产和果实质量，必须疏除过多的幼果。否则会因结果太多造成果个变小，品质变差，严重时导致树势衰弱，枝条大量干枯死亡。

（1）疏果时间。可在生理落果后，一般在雌花受精后 20～30 天，即子房发育到 1～1.5 厘米时进行。疏果量应依树势状况和栽培条件而定，一般以 1 米^2 树冠投影面积保留 60～100 个果实为宜。

（2）疏果方法。先疏除弱枝或细弱枝上的幼果，也可连同弱枝一同剪掉；每个花序有 3 个以上幼果，视结果枝的强弱，可保留 2～3 个，坐果部位在冠内要分布均匀，郁闭内膛可多疏。特别注意，疏果也仅限于坐果率高的早实核桃品种。

（四）防止落花落果的技术措施

花期喷硼酸、稀土和赤霉素，可显著提高核桃树的坐果率。据山西林业科学研究所 1991—1992 年进行多因子综合实验，认为盛花期喷赤霉素、硼酸、稀土的最佳浓度分别为 54 克/千克、125 克/千克、475 克/千克。另外，花期喷 0.5％尿素、0.3％磷酸二氢钾 2～3 次能改善树体养分状况，促进坐果。

第八章
核桃的采收与处理

一、核桃果实成熟与采收时期

（一）成熟核桃果实的特征

核桃的适时采收非常重要，过早过晚都降低核桃坚果品质。采收过早，青皮不易剥离，种仁不饱满，出仁率低，脂肪含量降低，影响坚果产量，而且不耐贮藏；采收过晚，果实易脱落，同时青皮开裂后停留在树上的时间过长，会增加感染霉菌的机会，导致坚果品质下降。因此，为保证核桃坚果的产量和品质，应在坚果充分成熟且产量和品质最佳时采收。

核桃为假核果类，其可食部分为核仁，故它们成熟期与桃、杏等不同，包括青果皮及核仁两个部分的成熟过程，这两部分常存在不同的成熟现象。核桃从坐果至果实成熟需要 130～140 天。核桃果实成熟期因品种、地区和气候不同而异，早熟品种与晚熟品种间，成熟期可相差半个月以上。气候及土壤水分状况对核桃成熟期的影响也很大。在初秋气候温暖、夜间冷凉而土壤湿润时，青果皮与核仁的成熟期趋向一致；而当气温高、土壤干旱时，核仁成熟早而青果皮成熟则推迟，最多可相差几周。一般来说，北方地区的成熟期在 9 月上中旬，南方相对早些。同一地区内的成熟期也不同，平原比山区成熟早，低山区比高山区成熟早，阳坡比阴坡成熟早，干旱年份比阴雨年份成熟早。青果皮成熟时，由深绿色或绿色变为黄绿色或淡黄色，茸毛稀少，果实顶部出现裂缝，与核壳分离，为青皮的成熟特征。内隔膜由浅黄色转为棕色，为核仁的成熟特征。

（二）果实成熟期内含物的变化

1. 果实干重的变化　核桃果实成熟期间单果干重仍有明显增加，单果干重的 13.04％左右是成熟期间增加的；且单果干重变化主要表现在种仁干重的增加，最后种仁质量的 24.08％是成熟期间积累的；青皮及硬壳干重在成熟期间几乎没有变化。

2. 种仁中有机营养的变化　研究结果表明，核桃果实成熟期间种仁中的有机营养以脂肪含量最高，平均达 71.04％，其变化呈指数型积累；蛋白质含量次之，平均为 18.63％，其变化呈下降趋势；水溶性糖含量较低，平均为 2.52％，变化不大；淀粉含量很低，平均为 0.13％，变化不明显。

3. 果实青皮矿质元素的变化　有研究表明，早实核桃辽宁1号和晚实核桃清香果实成熟过程中，青皮中矿质元素含量是不同的；清香青皮中钾的含量平均为 3.4％，是氮平均含量的 4.04倍，磷平均含量的 21.82 倍。辽宁 1 号中钾的含量平均为3.3％，是氮平均含量的 3.17 倍，是磷平均含量的 25.56 倍。在核桃果实生长发育阶段，青皮中钾含量最高，并呈现先增加后降低的趋势，氮、磷和锌含量较低，变化比较平稳。早实核桃辽宁1号和晚实核桃清香青皮中钾含量变化趋势不同。

4. 种仁中矿质元素的变化　果实成熟过程中，种仁中钾的含量呈明显下降趋势，磷和锌的变化比较平稳。清香种仁中氮含量基本是先增加后下降趋势，辽宁 1 号种仁中氮的含量逐渐下降。在同一时期，早实核桃种仁中氮含量比晚实核桃种仁中氮含量要高。在果实生长发育阶段，氮和钾平均含量比磷的平均含量高，而且核桃种仁中氮和钾的波动性比磷和锌大。

（三）适时采收的意义

适时采收核桃果实，是一个非常重要的环节。只有适时采收，才能保证核桃优质高产。据调查，目前核桃的采收期一般提前 10～15 天，产量损失 8％左右，按我国 2010 年产量 106.6 万吨统计，每年因早采收损失约 8.5 万吨。提早采收也是近年来我国核桃坚果品质下降的主要原因之一。过早采收的原因可能有两种，一是消费者盲目购买，由于有些市民只知道核桃的营养价值高，但不知道核桃成熟时间，只要市场上有销售就去购买；二是利益的驱使，核桃产区的群众，看到未成熟的青皮核桃价格高，改变了以往成熟时收获的习惯。

采收过早，则青皮不易剥离，种仁不饱满，出仁率低，加工时出油率低，而且不耐贮藏。提前 10 天以上采收时，坚果和核仁的产量分别降低 12％及 34％以上，脂肪含量降低 10％以上。采收过晚，则果实易脱落，同时果实青皮开裂后停留在树上时间过长，也会增加受霉菌感染的机会，导致坚果品质下降。深色核仁比例增加，也会影响种仁品质。

（四）采收时期的确定

除个别早实品种在处暑以后（8 月下旬）采收外，绝大部分品种采收时间应在 9 月上中旬，即白露前后（最好是白露后）。采收期推迟 10 天，产量可增加 10％，出仁率可增加 18％。

核仁成熟期为采收适期。一般认为青皮由深绿变为浅黄色，30％果顶部开裂，80％的坚果果柄处已经形成离层，且其中部分果实顶部出现裂缝，青果皮容易剥离时期为适宜采收期，此时的核桃种仁饱满，幼胚成熟，子叶变硬，风味浓香。

二、采后加工处理

（一）采收方法

目前，我国采收核桃的方法主要是人工采收法。人工采收法是在核桃成熟时，用带弹性的长木杆或竹竿敲击果实。敲打时应该自上而下，从内向外顺枝进行。如由外向内敲打，容易损失枝芽，影响翌年产量。

也可采用机械震动法，在采收前半月喷1～2次浓度为500～2 000毫克/千克的乙烯利催熟，然后，用机械环抱震动树干，将果实震落于地面，可有效促使脱除青果皮，大大节省采果及脱青皮的劳动力，也提高了坚果品质，国外核桃采收多采用此类方法。喷洒乙烯利必须使药液遍布全树冠，接触到所有的果实，才能取得良好的效果。使用乙烯利会引起轻度叶子变黄或少量落叶，属正常反应，但树势衰弱的树会发生大量落叶，故不宜采用。

为了提高坚果外观品质，方便青皮处理，也可采用单个核桃手工采摘的方法，或用带铁钩的竹竿或木杆顺枝钩取，避免损伤青皮。采收装袋时把青皮有损伤的和无损伤的分开装袋。

（二）采收后的处理

人工打落采收的核桃，70％以上的坚果带青果皮，故一旦开始采收，必须随采收、随脱青皮、随干燥，这是保证坚果品质优良的重要措施。带有青皮的核桃，由于青皮具有绝热和防止水分散失的性能，使坚果热量积累，当气温在37℃以上时，核仁很易达到40℃以上而受高温危害，在炎日下采收时，更须加快拣拾。核桃果实采收后，将其及时运到室内或室外阴凉处，不能放在阳光下暴晒，否则会使种仁颜色变深，降低坚果品质。

1. 果实脱青皮

（1）人工脱皮法。核桃果实采收后，及时用刀或剪刀将青皮剥离，削净果皮。此法人工需要量大，效率低，目前基本不采用此法。

（2）堆沤脱皮法。收回的青果应及时放到阴凉通风处，青皮未离皮时，可在阴凉处堆放，切忌在阳光下暴晒，然后按 50 厘米左右的厚度堆成堆。可在果堆上加一层 10 厘米左右厚的湿秸秆、湿袋或湿杂草等，这样可提高堆内温度，促进果实后熟，加快果实脱皮速度。一般堆沤 4～6 天后，当青果皮离壳或开裂达到 50％以上时，可用脚轻踩，用棍敲击或用手搓脱皮。部分不能脱皮的果实用刀削除果皮或再集中堆沤数日，直到全部脱皮为止。堆沤时间长短与果实成熟度有关，成熟度越高，堆沤时间越短；反之越长，但切勿过长，以免使青皮变黑使坚果壳变色，以免污液渗入坚果内部污染种仁，降低坚果品质。在操作过程中应尽量避免手、脚和皮肤直接接触青皮。

（3）乙烯利脱皮法。由于堆沤去皮法需要的时间较长，工作效率较低，果实污染率高，对坚果品质影响较大，可采用乙烯利脱皮法。果实采收后，在浓度为 3 000～5 000 毫克/千克乙烯利溶液中浸蘸约 30 秒，再按 50 厘米左右的厚度堆在阴凉处或室内，维持在 30℃左右、相对湿度 80％～90％的条件下，再加盖一层厚 10 厘米左右的湿秸秆、湿袋或湿杂草等，经 3～4 天，离皮率达 95％以上。此法不仅时间短、工效高，而且还能显著提高果品质量。注意在应用乙烯利催熟过程中，忌用塑料薄膜之类不透气的材料覆盖，也不能装入密闭的容器中。

（4）机械脱皮法。将采后的果实放在 3 000～5 000 毫克/千克的乙烯利溶液中浸蘸约半分钟，或随堆积随喷洒，在按 40 厘米左右的厚度堆在阴凉处或室内，经 3 天左右即可机械脱青皮。相比传统的堆沤法手工剥青皮，核桃脱青皮机械大大减轻了人工劳动强度，提高了脱青皮效率，自动化程度高、效率高，这对于今后核桃初加工产业迈向规模化、现代化具有重要意义。

2. 坚果漂洗 核桃脱去青皮后，应及时洗去坚果表面上残留的烂皮、泥土及其他污染物。这可采用干果加工机械化生产线完成。干果加工机械化生产线包括分级、去杂、气泡清洗、高压喷淋清洗、毛刷清洗、脱水、烘干、杀菌等工序，由分级机、刮板提升机、去杂机、气泡清洗机、高压喷淋清洗机、多功能高效清洗机、斗式提升机、连续式脱水机、紫外线杀菌组成等组成。对核桃坚果进行分级、去杂、清洗、脱水、烘干、杀菌等，最后得到高品质的产品。从根本上解决了人工加工生产率低、劳动强度大、干果等级混杂、清洗不彻底的问题。少量人工常用漂洗方法如下。

（1）坚果的洗涤。将刚脱青皮的核桃装筐，把筐放在水池或流水中，人工或用洗涤机械搅拌 5 分钟左右，然后用清水冲洗。对坚果表面不易洗净的残留青皮，用刷子刷洗。洗涤时间不宜过长，以免污水渗入壳内，污染种仁。不需要漂白的核桃可直接捞出摊在席箔上晾晒。

（2）漂白方法。外观较差的核桃，洗涤后还要进行漂白。漂白液的配置：将 1 千克漂白粉溶解在 5～6 千克温水内，充分溶解后，滤去沉渣，再加 40～50 千克的清水稀释后用作漂白液。倒入除掉青皮后盛核桃的容器内，以漂白液能淹没坚果为宜，然后用木棒充分搅拌 5～6 分钟，当坚果的壳变白时停止搅拌并捞出，核桃必须在清水中连续冲洗几次，直到坚果表面不留药剂和药味。用过的漂白液可再加入 1 千克漂白粉继续使用，如此连续5～6 次后，再重新配制漂白液。切记，盛漂白液的容器应以瓷缸、水泥槽等为宜，禁用铁器，也不可用铁木制品。

3. 坚果干燥方法

（1）晒干法。北方地区秋季天气晴朗、凉爽，多采用此法。漂洗干净的坚果，不能立即放在阳光下暴晒，应先摊放在竹箔或高粱箔上，在避光通风处晾半天左右，待大部分水分蒸发后再摊开晾晒。湿核桃在日光下暴晒会使核壳翘裂，影响坚果品质。晾晒时，坚果厚度以不超过两层果为宜。晾晒过程中要经常翻动，以达到干燥均匀、色泽一致，一般经过10天左右即可晾干。

（2）烘干法。在多雨潮湿地区，可在干燥室内将核桃摊在架子上，然后在屋内用火炉子烘干。干燥室要通风，炉火不宜过旺，室内温度不宜超过40℃。

（3）热风干燥法。用鼓风机将干热风吹入干燥箱内，使箱内堆放的核桃很快干燥。鼓入热风的温度应在40℃为宜。温度过高会使核仁内脂肪变质，当时不易发现，贮藏几周后即腐败不能食用。

（4）坚果干燥的指标。坚果相互碰撞时，声音脆响，砸开检查时，横隔膜极易折断，核仁酥脆。在常温下，相对湿度60％的坚果平均含水量为8％，核仁约4％，便达到干燥标准。

三、坚果分级与包装

（一）坚果质量分级标准

在国际市场上，核桃商品坚果的价格与坚果的大小有关。根据核桃外贸出口要求，坚果依直径大小分为3等，一等为横径30毫米以上，二等为28～30毫米，三等为26～28毫米。美国现在推出大号和特大号商品核桃，我国也开始组织出口32毫米商品核桃。出口核桃除要求坚果大小主要指标外，还要求果面光滑、洁白、干燥（核仁含水量不得超过4％），成品内不允许夹带其他杂果，不完善果（欠熟果、虫蛀果、霉烂果及破裂果）总计不得超过10％。

1. 核桃坚果质量等级　根据我国国家标准化管理委员会2006年颁布的《核桃坚果质量等级》国家标准，将核桃坚果分为以下 4 级。

（1）特级果的标准。要求坚果充分成熟，壳面洁净，大小均匀，横径不小于 30 毫米，平均单果重不小于 12 克。形状一致，外壳自然黄白色，缝合线紧密，易取整仁，出仁率不小于 53%。空壳率不大于 1%，黑斑果率为 0，含水率不大于 8%。种仁黄白色，饱满，味香，涩味淡，无露仁、虫蛀、出油、霉变、异味等果。无杂质，未经有害化学物质漂白处理。种仁粗脂肪含量不小于 65%，蛋白质含量不小于 14%。

（2）一级果的标准。要求坚果充分成熟，壳面洁净，大小均匀，横径不小于 30 毫米，平均单果重不小于 12 克。形状基本一致，外壳自然黄白色，缝合线紧密，易取整仁，出仁率不小于 48%。空壳率不大于 2%，黑斑果率为 0.1%，含水率不大于 8%。种仁黄白色，饱满，味香，涩味淡，无露仁、虫蛀、出油、霉变、异味等果。无杂质，未经有害化学物质漂白处理。种仁粗脂肪含量不小于 65%，蛋白质含量不小于 14%。

（3）二级果的标准。要求坚果充分成熟，壳面洁净，大小均匀，横径不小于 28 毫米，平均单果重不小于 10 克。形状基本一致，外壳自然黄白色，缝合线紧密，易取半仁，出仁率不小于 43%。空壳率不大于 2%，黑斑果率为 0.2%，含水率不大于 8%。种仁黄白色，较饱满，味香，涩味淡，无露仁、虫蛀、出油、霉变、异味等果。无杂质，未经有害化学物质漂白处理。种仁粗脂肪含量不小于 60%，蛋白质含量不小于 12%。

（4）三级果的标准。要求坚果充分成熟，壳面洁净，横径不小于 26 毫米，平均单果重不小于 8 克。外壳自然黄白色或黄褐色，缝合线紧密，易取 1/4 仁，出仁率不小于 38%。空壳率不大于 3%，黑斑果率为 0.3%，含水率不大于 8%。种仁黄白色或淡琥珀色，较饱满，味香，略涩，无露仁、虫蛀、出油、霉变、异味等果。无杂质，未经有害化学物质漂白处理。种仁粗脂肪含量不小于 60%，蛋白质含量不小于 10%。

2. 无公害安全核桃坚果的要求

（1）感官要求。根据中华人民共和国农业标准《无公害食品落叶果树坚果》（NY 5307—2005）要求：同一品种，果粒大小均匀，果实成熟饱满，色泽基本一致，果面洁净，无杂质、霉烂、虫蛀、异味，无明显的空壳、破损、黑斑和出油等缺陷果。

（2）安全指标。无公害核桃坚果除了满足上述感官要求外，坚果中的有害物质残留也不能超标（表 8-1）。

表 8-1　安全指标（NY 5307—2005）

项　　目	指　　标
铅（以 Pb 计），毫克/千克	$\leqslant$0.4
镉（以 Cd 计），毫克/千克	$\leqslant$0.05
汞（以 Hg 计），毫克/千克	$\leqslant$0.02
铜（以 Cu 计），毫克/千克	$\leqslant$10
酸价，KOH，毫克/千克	$\leqslant$4.0
过氧化值，当量浓度/千克	$\leqslant$6.0
亚硫酸盐（以 SO_2 计），毫克/千克	$\leqslant$100
敌敌畏，毫克/千克	$\leqslant$0.1
乐果，毫克/千克	$\leqslant$0.05
杀螟硫磷，毫克/千克	$\leqslant$0.5
溴氰菊酯，毫克/千克	$\leqslant$0.5
多菌灵，毫克/千克	$\leqslant$0.5
黄曲霉毒素 B_1，微克/千克	$\leqslant$5.0

（二）包装与标志

核桃坚果的包装一般用麻袋或纸箱。出口商品可根据客商要求，每袋装 45 千克左右或 20～25 千克，装核桃的麻袋要结实、干燥、完整、整洁卫生、无毒、无污染、无异味。提倡用纸箱包装。装袋外应系挂卡片，纸箱上要贴标签。卡片和标签上要写明产品名、产品编号、品种、等级、净重、产地、包装日期、保质期、封装人员姓名或代号。

四、贮藏与运输

（一）坚果贮藏要求

核仁含油脂量高，可达60％以上，而其中90％以上为不饱和脂肪酸，有70％左右为亚油酸及亚麻酸，这些不饱和脂肪酸极易被氧化而酸败，俗称"哈喇味"。核壳及核仁种皮的理化性质对抗氧化有重要作用，一是隔离空气，二是内含类抗氧化剂的化合物，但核壳及核仁种皮的保护作用是有限的，而且在抗氧化过程中，种皮的单宁物质因氧化而变深，虽然不影响核仁的风味，但是影响外观。核桃适宜的贮藏温度为1～3℃，相对湿度75％～80％。核桃坚果的贮藏方法因贮藏数量和贮藏时间而异，一般分为常温贮藏、塑料薄膜袋贮藏和低温贮藏。

（二）坚果贮藏方法

1. 常温贮藏　常温条件下贮藏的核桃，必须达到一定的干燥程度，所以在脱去青皮后，马上翻晒，以免水分过多，引起霉烂。但也不要晒得过干，晒得过干容易造成出油现象，降低品质。核桃以晒到仁、壳由白色变为金黄色，隔膜易于折断，内种皮不易和种仁分离、种仁切面色泽一致时为宜。在常温贮藏过程中，有时会发生虫害和返油现象，因此，贮藏必须冷凉干燥，并注意通风，定期检查。如果贮藏时间不超过翌年夏季的，则可用尼龙网袋或布袋装好，进行室内挂藏。对于数量较大的，用麻袋或堆放在干燥的地上贮藏。

2. 塑料薄膜袋贮藏　北方地区，冬季由于气温低、空气干燥，在一般条件下，果实不至于发生明显的变质现象。所以，用塑料薄膜袋密封贮藏核桃，秋季核桃入袋时，不需要立即密封，从翌年 2 月下旬、气温逐渐回升时，用塑料薄膜袋进行密封保存，密封时应保持低温，使核桃不易发霉。秋末冬初，若气温较高，空气潮湿，核桃入袋必须加干燥剂，以保持干燥，并通风降低贮藏室的温度。采用塑料袋密封、黑暗贮藏，可有效降低种皮氧化反应，抑制酸败，在室温 25℃ 以下可贮藏 1 年。

如果袋内通入二氧化碳，则有利于核桃贮藏；若二氧化碳浓度达到 50% 以上，也可防止油脂氧化而产生的败坏现象及虫害发生；袋内通入氮气，也有较好效果。

3. 低温贮藏 若贮藏数量不大，而时间要求较长，可采用聚乙烯袋包装，在冰箱内 0～5℃ 条件下，贮藏 2 年以上品质仍然良好。对于数量较多、贮藏时间较长的，最好用麻袋包装，放于 -1℃ 左右冷库中进行低温贮藏。

在贮藏核桃时，常发生鼠害和虫害。一般可用溴甲烷（40 克/米³）熏蒸库房 3.5～10 小时，或用二硫化碳（40.5 克/米³）密闭封存 18～24 小时，防治效果显著。

尽可能带壳贮藏核桃，如要贮藏核仁，核仁因破碎而使种皮不能将仁包严，极易氧化，故应用塑料袋密封，再置于 1℃ 左右的冷库内贮藏，保藏期可达 2 年。低温与黑暗环境可有效抑制核仁酸败。

核桃仁在 1.1～1.7℃ 条件下，可贮藏 2 年而不腐烂。此外，采用合成的抗氧化材料包装核桃仁，也可抑制因脂肪酸氧化而引起的腐败现象。

第九章
核桃病虫害防治

在核桃病虫害防治过程中，应当全面贯彻"预防为主，综合防治"的植保方针，以改善生态环境、加强栽培管理为基础，合理采用物理防治、农业防治等综合措施，保护利用害虫天敌，充分发挥天敌对病虫害的自然控制作用，将病虫害控制在经济阈值之下。在核桃安全生产过程中，使用农药防治病虫害是必要的，但应科学合理地选择和使用农药，最大限度地控制农药的污染和危害。

加强对病虫害预测预报工作，做到对症下药，适时防治。合理使用绿色无公害果品生产中允许使用的药剂。混合和交替地使用不同的药剂，以防止产生抗药性并保护害虫的天敌。严格控制药剂的使用浓度和剂量，并按农药安全间隔期进行施药。改进农药的使用性能。如在农药中加入展着剂、渗透剂、缓释剂等，既节省农药又提高药效。尽可能使用低量或超低量的喷药机械。

一、主要病害防治技术

（一）核桃炭疽病

核桃炭疽病在我国核桃产区均有产生，是核桃生产中危害最为严重的病害之一。我国河南、河北、山东、山西、辽宁、江苏、四川、云南、山西、新疆等地的核桃产区均有不同程度发生。核桃炭疽病潜伏期长、发病时间短、暴发性强，该病主要危害果实、叶、芽及嫩梢。一般果实感病率可达 20％～40％，病重年份可高达 95％以上，在收果前 10～20 天迅速使果实发黑变烂，引起果实早落、核仁干瘪，严重影响核桃产量和品质，造成严重的经济损失。目前，对核桃炭疽病的防治以化学防治为主。

1. 主要症状　果实受害后，果皮上出现褐色病斑，圆形或近圆形，中央下陷，病部有黑色小点产生，有时略呈纹状排列。温、湿度适宜时，在黑点处涌出黏性粉红色孢子团，即分生孢子盘和分生孢子。病果上的病斑，1 至数十个，可连接成片，使果实变黑、腐烂或早落，其核仁无任何食用价值。发病轻时，核壳或核仁的外皮部分变黑，降低出油率和核仁产量。果实成熟前病斑局限在外果皮，对核桃影响不大。

叶片上的病斑，多从叶尖、叶缘形成大小不等的褐色枯斑，其外缘有淡黄色圈。有的在主侧脉间出现长条枯斑或圆褐斑。潮湿时，病斑上的小黑点也产生粉红色孢子团。严重时，叶斑连片，枯黄而脱落。

芽、嫩梢、叶柄、果柄感病后，在芽鳞基部呈现暗褐色病斑，有的还可深入芽痕、嫩梢、叶柄、果柄等，均出现不规则或长形凹陷的黑褐色病斑。引起芽梢枯干，叶果脱落。

2. 发病规律　病菌在病枝、叶痕、残留病果、芽鳞中越冬，成为翌年初次侵染源。病菌借风、雨、昆虫传播。在适宜的条件下萌发，从伤口、自然孔口侵入。在 25～28℃下，潜育期 3～7 天。核桃炭疽病比黑斑病发病晚。

核桃炭疽病的发生与栽培管理水平有关，管理水平差，株行距小，过于密植，通风透光不良，发病重。

不同核桃品种类型抗病性差异较大，一般华北本地核桃比新疆核桃抗病，晚实型比早实型要抗病，但各有自己抗病性强的和易感病的品种和单株。

3. 防治方法　清除病枝、落叶，集中烧毁，减少初次侵染源。

化学防治，发芽前喷 3～5 波美度石硫合剂，用 50％多菌灵可湿性粉剂 1 000 倍液，75％百菌清 600 倍液，50％甲基硫菌灵 500～1 000 倍液，在核桃开花前、幼果期、果实迅速生长期各喷 1 次，喷药时注意均匀。同时对园周围 50 米以内的刺槐树、果树也要进行喷药，防止其他树上的病菌传入核桃园。

加强栽培管理，增施有机肥，保持树体健壮生长。提高树体抗病能力，合理修剪，改善园内通风透光条件，有利于控制病害。选育丰产、优质、抗病的新品种。

（二）核桃细菌性黑斑病

核桃细菌性黑斑病在我国各核桃产区均有发生。该病主要危害核桃幼果、叶片和嫩梢。一般植株被害率 70％～100％，果实被害率 10％～40％，严重时可达 95％以上，造成果实变黑、腐烂、早落，使核仁干瘪减重，出油率降低，甚至不能食用。

1. 主要症状　果实病斑初为黑褐色小斑点，后扩大成圆形或不规则黑色病斑。无明显边缘，周围呈水渍状晕圈。发病时，病斑中央下陷、龟裂并变为灰白色，果实略现畸形。危害严重时，导致全果迅速变黑腐烂，提早落果。幼果发病时，因其内果皮尚未硬化，病菌向里扩展可使核仁腐烂。接近成熟的果实发病时，因核壳逐渐硬化，发病仅局限在外果皮，危害较轻。

叶上病斑最先沿叶脉出现黑色小斑，后扩大成近圆形或多角形黑褐色病斑，外缘有半透明状晕圈，多呈水渍状。后期病斑中央呈灰色或穿孔状，严重时整个叶片发黑、变脆，残缺不全。叶柄、嫩梢上的病斑长圆形或不规则形，黑褐色、稍凹陷，病斑绕枝干一周，造成枯梢、落叶。

2. 发病规律　细菌在病枝、溃疡斑内、芽鳞和残留病果等组织内越冬。翌年春季借雨水或昆虫将带菌花粉传播到叶和果实上，并多次进行再侵染。细菌从伤口、毛皮孔或柱头侵入。病菌的潜育期一般为 10～15 天。该病发病早晚及发病程度与雨水关系密切。在多雨年份和季节，发病早且严重。在山东、河南等地一般 5 月中下旬开始发生，6～7 月为发病盛期，核桃树冠稠密，通风透光不良，发病重。一般华北本地核桃比新疆核桃感病轻，弱树重于健壮树，老树重于中、幼龄树，目前，山东已选育出一些较抗病的优良株系。

3. 防治方法 选育抗病品种是防治核桃黑斑病的主要途径之一，选择核桃品种时要把抗病性作为主要标准之一。当地实生良种核桃、黑核桃抗病性强，引进的薄壳核桃抗性差，应加强薄壳核桃的抗性选育工作。

加强田间管理，保持园内通风透光，砍去近地枝条，减轻潮湿和互相感病。结合修剪，除去病枝和病果，减少初侵染源。重视有机土杂肥的施用，秋施土杂肥，花前追施速效氮肥，夏季追施磷、钾肥，山区注意刨树盘，蓄水保墒，增强树势，保持树体健壮生长，提高抗病能力。

发芽前喷 3～5 波美度石硫合剂，消灭越冬病菌，兼治介壳虫等其他病虫害。展叶前喷 1～3 次 1∶1∶200 波尔多液；5～6 月喷 70%甲基硫菌灵可湿性粉剂 1 000～1 500 倍液效果也较好，或每半个月喷 1 次 50 微克/克农用链霉素加 2%硫酸铜。

(三) 核桃溃疡病

核桃溃疡病是一种真菌性病害，主要危害幼树主干、嫩枝和果实，一般植株感病率在 20%～40%，严重时可达 70%～100%。可引起植株衰弱、枯枝甚至死亡。果实感病后，引起果实干缩、变黑腐烂，引起果实早落，品质和产量下降。该病在我国核桃产区均有发生。

1. 主要症状 该病多发生在树干及侧枝基部，最初出现黑褐色近圆形病斑，直径 0.1～2.0 厘米。有的扩展成梭形或长条病斑。在幼嫩及光滑树皮上，病斑呈水渍状或形成明显的水泡，破裂后流出褐色黏液，遇光全变成黑褐色，随后，患处形成明显圆斑。后期病斑干缩下陷，中央开裂，病部散生许多小黑点，即病菌的分生孢子器。严重时，病斑迅速扩展或数个相连，形成大小不等的梭形病斑，当病部不断扩大，环绕枝干一周时，则出现枯梢、枯枝或整株死亡。

2. 发病规律　病菌以菌丝体在病部越冬。翌春气温回升，雨量适中，可形成分生孢子，从枝干皮孔或伤口侵入，形成新的溃疡病。该病与温度、雨水、大风等关系密切，温度高，潜育期短。一般从病菌侵入到症状出现需 1～2 个月。该病是一种弱寄生菌，从冻害、日灼和机械伤口侵入，一切影响树势衰弱的因素都有利于该病发生，如管理水平不高、树势衰弱或林地干旱、土质差、伤口多的园地易感病。

3. 防治方法　加强田间管理，搞好保水工程，增强树势，提高树体抗病能力。防旱排涝，增施有机肥，改良土壤，合理修枝整形改善树冠结构。树干涂白，防止日灼和冻害。涂白剂成分为生石灰 5 千克、食盐 2 千克、油 0.1 千克、水 20 千克。

将病斑树皮刮至木质部，然后在病斑处纵横割几条口子，涂刷 3～5 波美度石硫合剂、1‰硫酸铜液或 1：3：15 波尔多液灭菌消毒。

（四）核桃枝枯病

核桃枝枯病在全国各地均有发生，主要危害核桃枝干，尤其是一至二年生枝条易受危害，一般发病率为 20％～30％，严重时可达 80％。

1. 主要症状　一至二年生的枝梢或侧枝受害后，先从顶端开始，逐渐蔓延至主干。受害枝上的叶变黄脱落。发病初期，枝条病部失绿呈灰绿色，后变红褐色或灰色，大枝病部稍下陷。当病斑绕枝一周时，出现枯枝或整株死亡，并在枯枝上产生密集、群生小黑点，即分生孢子盘。湿度大时，大量分生孢子和黏液从盘中央涌出，在盘口形成黑色瘤状凸起。

2. 发病规律 病菌在病枝上越冬，翌年借风雨等传播，从伤口或枯枝上侵入。此菌是一种弱寄生菌，只能危害衰弱的枝干和老龄树，因此发病轻重与栽培管理、树势强弱有密切关系。

3. 防治方法 及时剪除病枝、死株，集中烧毁，以减少初侵染源，防止蔓延。主干发病，应及时刮除病部，并用15％硫酸铜或40％福美砷可湿性粉剂50倍液消毒，再涂抹煤焦油保护。

适地适树，林粮间作；加强肥水管理，增施有机肥，提高地力，增强树势，提高树体抗病能力。

（五）核桃腐烂病

核桃腐烂病又称为黑水病、烂皮病。该病属真菌性病害，主要危害核桃树皮。受害株率可达到50％，高的达80％以上，树皮受危害后导致枯枝，结实能力下降，甚至全株枯死。核桃腐烂病在同一株树上的发病部位以枝干的阳面、树干分权处、剪锯口和其他伤口处较多。同一园中，结果核桃园比不结果核桃园发病多，老龄树比幼龄树发病多，弱树比壮树发病多。该病主要在新疆、甘肃、河南、山东和四川等核桃产区发生。

1. 病害症状 幼树发病后，病部深达木质部，周围出现愈伤组织，呈灰色梭形病斑，水渍状，手指压时流出液体，有酒糟味。中期病皮失水干陷，病斑上散生许多小黑点。后期病斑纵裂，流出大量黑水，当病斑环绕枝干一周时，即可造成枝干或全树死亡。成年树受害后，因树皮厚，病斑初期在韧皮部腐烂，许多病斑呈小岛状互相串连，周围集结大量的菌丝层，一般外表看不出明显的症状，当发现皮层向外流出黑液时，皮下已扩展为较大的溃疡面。营养枝或二年生侧枝感病后，枝条逐渐失绿，皮层与木质剥离、失水，皮下密生黑色小点，呈枝枯状。修剪伤口感染发病后，出现明显的褐色病斑，并向下蔓延引起枝条枯死。

2. 发病规律　病菌在枝干病部越冬，第二年环境适宜时产生分生孢子，借助风雨、昆虫等传播，从伤口、剪锯口、嫁接口等处侵入。病斑扩展要在 4 月中旬至 5 月下旬。一般粗放管理，土层脊薄排水不良、水肥不足，树势衰弱或遭冻害或盐碱害的核桃树易感染此病。

3. 防治方法　及时检查和刮治病斑做消毒保护。刮除病斑一般在春季进行，也可在生长期发现病斑时进行刮治，刮治的范围可控制到比变色组织大出 1 厘米，略刮去一点好皮即可。树皮没有烂透的部位，只需将上层病皮刮除。病变达木质部的要刮到木质部。刮后涂 4～6 波美度石硫合剂，或 1‰硫酸铜液进行涂抹消毒，或 50％甲基硫菌灵可湿性粉剂 100 倍液。

加强栽培管理，当立地条件差、土层瘠薄、水肥不足时，应增施有机肥料，以增强树势，提高树体营养水平。进行科学的整形修剪，对树冠密闭的树要疏除过密枝，打开天窗，生长期间疏除下垂枝、老弱枝，调节树体结构，促进其健康生长，提高抗病力，是防治此病的基本措施。适期采收，尽量避免用棍棒击伤树皮。

树干涂白防冻，冬季日照较长的地区，冬前先刮净病斑，然后涂白（配方：水∶生石灰∶食盐∶硫黄粉∶动物油＝100∶30∶2∶1∶1），以降低树皮温差，减少冻害和日灼。开春发芽前，6～7 月和 9 月，在主干和主枝的中下部喷 3～5 波美度石硫合剂。

（六）核桃白粉病

核桃白粉病主要危害叶、幼芽和新梢，引起早期落叶和死亡。在干旱季节和年份发病率高。

1. 病害症状　最明显的症状是叶片正、反两面形成薄片状白粉层，秋季在白粉层中生出褐色至黑色小颗粒。发病初期叶片上呈黄白色斑块，严重时叶片扭曲皱缩，提早脱落，影响树体正常生长。幼苗受害后，植株矮小，顶端枯死，甚至全株死亡。

2. 发病规律 病菌在脱落的病叶上越冬，翌年春季气温回升，遇雨水散出孢子，借气流等进行第一次传播。发病后分生孢子多次进行再侵染。温暖而干旱，氮肥多、钾肥少，枝条生长不充实时易发病，幼树比大树易受害。

3. 防治方法 药剂防治，发病初期喷布 0.2～0.3 波美度的石硫合剂，或 50％甲基硫菌灵 800～1 000 倍液，25％三唑酮 500～800 倍液。

及时清园，消除病源，以减少初次侵染源。科学施肥，增施有机肥，注意氮、磷、钾肥的合理配比，提高抗病力。合理灌水，加强树体管理，增强树体抗病力。

（七）核桃褐斑病

核桃褐斑病由真菌引起，主要危害叶、嫩梢和果实，引起早期落叶、枯梢，影响树势和产量。主要发生在我国陕西、河北、吉林、四川、河南、山东等地。

1. 病害症状 受害叶初期出现小褐斑，后扩大呈近圆形或不规则、直径为 0.3～0.7 厘米的灰褐色斑块，中间灰褐色，边缘不明显且黄绿至紫色，病斑上有黑褐色小点，略呈同心轮纹状排列。严重时病斑连接，致使早期落叶。嫩梢上病斑为长椭圆形或不规则形，稍凹陷，边缘褐色，中间有纵裂纹，后期病斑上散生小黑点，严重时梢枯。果实病斑比叶片病斑小，凹陷，扩展后果实变黑腐烂。

2. 发病规律 病菌在病叶或病枝上越冬，翌年春季产生分生孢子，借风雨传播，从伤口或皮孔侵入叶、枝或幼果。5月中旬至 6 月初开始发病，7～8 月为发病盛期。多雨年份或雨后高温、高湿时发病迅速，造成苗木大量枯梢。

3. 防治方法 及时清园，采果后，清除病叶、病梢和病果，深埋或烧毁。6月上中旬或7月上旬，各喷一次1∶2∶200波尔多液或50%甲基硫菌灵800倍液，效果良好。

（八）苗木菌核性根腐病

苗木菌核性根腐病又称为白绢病，多危害一年生幼苗根系皮层，使其主根及侧根皮层腐烂，地上部枯死，甚至全树死亡。该病在全国各地均有发生。

1. 病害症状 高温、高湿时，苗木根颈基部和周围的土壤及落叶表面有白色绢丝状菌丝体产生，随后长出小菌核，初为白色后转为茶褐色。

2. 发病规律 病菌在病株残体及土壤中越冬，多从幼苗颈部侵入，遇高温、高湿时发病严重。一般5月下旬开始发病，6~8月为发病盛期，在土壤黏重、酸性土或前作蔬菜、粮食等地块上育苗易发病。

3. 防治方法 选好圃地，避免病圃连作，选择排水好、地下水位低的地方为圃地。对苗木加强检疫，以防栽植带菌苗木。

种子消毒及土壤处理，播前用0.3% 50%多菌灵粉剂拌种，对酸性土适当加入石灰或草木灰以中和酸度，可减少发病。此外，用1%硫酸铜或50%甲基硫菌灵500~1 000倍液浇灌病树根部，再用消石灰撒入苗根颈部及根部土壤，或用45%代森铵水剂1 000倍液浇灌土壤，对病害均有一定的抑制作用。

（九）核桃灰斑病

1. 病害症状 主要为害叶片。叶片上产生圆形病斑，直径为3~8毫米，初浅绿色，后变成暗褐色，最后变为灰白色，边缘为黑褐色，后期病斑上生出黑色小粒点，即病原菌分生孢子器。病情严重时，造成早期落叶。河北、陕西均有发生。

2. 发病规律 病菌以菌丝和分生孢子器在叶片上越冬。翌年春季产生分生孢子，借风、雨传播，引起发病，雨季进入发病盛期，降雨多且早的年份发病重。该病菌主要侵染核桃叶片，引起具有明显边缘的病斑，但病斑不宜扩大，发病严重时，每片叶上可产生许多病斑。管理粗放、枝叶过密、树势衰弱时易发病。

3. 防治方法 加强管理，防止枝叶过密，注意降低核桃园湿度，可减少侵染。及时清园，消除病源，以减少初次侵染源。科学施肥，增施有机肥，注意氮、磷、钾肥的合理配比，提高抗病力。合理灌水，加强树体管理，增强树体抗病力。

发病初期，喷布50％苯菌灵可湿性粉剂800倍液或50％甲基硫菌灵·硫黄悬浮剂900倍液。第一次喷药后，视病情发展情况，可每隔10～15天喷1次，病情重的连喷2～3次。

（十）核桃冠瘿病

核桃冠瘿病为细菌病害，由癌肿野杆菌侵染所致，危害核桃枝干，上生大小不等的瘤，初光滑，以后表面逐渐开裂、粗糙。病菌在癌瘤组织的皮层内或依附病残根在土壤中越冬，借灌溉水、雨水等传播，远距离传播的主要途径为苗木调运。排水不良、黏重土壤常发病重。

1. 病害症状 冠瘿病主要发生在幼苗和幼树枝干、干基部和根部。初期在被害处形成表面光滑的瘤状物，难以与愈伤组织区分。但它较愈伤组织发育快，后期形成大瘤，瘤面粗糙并龟裂，质地坚硬，可轻轻将瘤掰掉，后期表面渐开裂变粗糙，瘤的直径最大可达30厘米。受害树木生长衰弱，如果根颈和主干上的病瘤环周，则寄主生长趋于停滞，叶片发黄而早落，甚至枯死。

2. 发病规律 病原在癌瘤组织的皮层内或依附病残根在土壤中越冬，在土壤中能存活2年以下，借灌溉水、雨水等传播，传播的主要途径为苗木的远距离调运。从伤口侵入。潜育期几周至1年以上。排水不良、碱性、黏重土壤常发病重。

3. 防治方法　选用未感染该病、土壤疏松、排水良好的沙壤土育苗。加强栽培管理，注意圃地卫生。起苗后清除土壤内病根；从无病母树上采接穗并适当提高采穗部位；中耕时防止伤根；及时防治地下害虫；嫁接尽量用芽接法，嫁接工具在 75% 酒精中浸 15 分钟消毒；增施有机肥如绿肥等。加强苗木检疫，严禁病苗进入造林地。

如圃地已被病原污染，可用硫酸亚铁、硫黄粉 5～45 千克/亩进行土壤消毒。大树得病后，可用利刀将其切除，再用 1% 的硫酸铜溶液或 2% 的石灰水消毒伤口，再用波尔多液保护。切下的病组织应集中烧毁。

二、主要虫害防治技术

（一）核桃云斑天牛

核桃云斑天牛，俗称铁炮虫、核桃天牛、钻木虫等，主要危害枝干，有的受害树主枝及中心干死亡，有的整株死亡，是核桃树的一种毁灭性害虫。该虫广泛分布于河北、安徽、江苏、山东等地。

1. 形态特征　成虫体长 32～65 毫米，宽 9～20 毫米，黑褐色，密被灰色绒毛。前胸背板中央有 1 对肾形白色毛斑。中央两侧各有一个刺凸，鞘翅上有不规则的白斑，呈云片状，一般排列成 2～3 纵行。鞘翅基部密布光滑瘤状颗粒，占鞘翅的 1/4。雌虫触角略长于虫体，雄虫触角超过体长 3～4 节。卵长圆形，黄白色，长椭圆形，长 8～9 毫米，略扁稍弯曲，表面坚韧光滑。幼虫黄白色，体长 74～100 毫米，头扁平，深褐色，半缩于胸部，前胸背板为橙黄色，着生黑色点刻，两侧白色，其上有本位黄色半月芽形斑块。前胸的腹面排列有 4 个不规则的橙黄色斑块，从后胸至第七腹节背面各有"口"字形骨化区。蛹长 40～70 毫米，乳白色至淡黄色。触角卷曲于腹部。

2. 发生规律及习性 该虫因地域不同，每年发生 1 代，或 2～3 年发生 1 代，以幼虫或成虫越冬，越冬幼虫翌年春季幼虫开始活动，危害皮层和木质部，并在蛀食的隧道内老熟化蛹，蛹羽化后从蛀孔飞出，5～6 月交配产卵，6 月中下旬为产卵盛期。卵期为 10～15 天，卵孵化后，幼虫先危害皮层，被危害处变黑，树皮逐渐胀裂，流出褐色液体。随着虫体增长，逐渐深入木质部危害，虫道弯曲，不断由蛀孔向外排出虫粪，堆积在树干周围。第一年，幼虫在虫道内越冬，翌年继续为害。第二年，老熟幼虫在虫道顶端做蛹室，9 月下旬羽化，然后在蛹室越冬。第三年核桃树发枝时，成虫爬出，成虫取食叶片及新梢嫩皮，昼夜飞翔，以晚间活动为多，有趋光性。产卵前将树干表皮咬一个月芽形伤口，将卵产于皮层中间。卵多产在主干或粗的主枝上。每头雌虫产卵 40 粒左右。

3. 防治方法 捕杀成虫，利用成虫的趋光性，于 5～6 月的傍晚，持灯到树下捕杀成虫。对树冠上的成虫也可利用其假死性将其振落在地后捕杀。

人工杀卵和幼虫，在成虫产卵期间或产卵后，重点检查核桃树主干 2 米以下，发现产卵刻槽可用锤敲击，杀死卵或幼虫。发现排粪孔后，用铁丝将虫粪除净，然后堵塞毒签或药棉球，并用泥土封好虫孔以毒杀幼虫。

涂白，秋冬季至成虫产卵前，可将生石灰、硫黄粉、氯化钠、水按 10：1：0.5：40 的比例充分混匀后涂于核桃树干基部 2 米以下，以阻止成虫产卵或杀死幼虫。

（二）刺蛾类

刺蛾又名洋拉子、八角等，属鳞翅目刺蛾科。幼虫取食叶片，仅留上表皮，叶片出现透明斑。3 龄后幼虫把叶片吃成许多小洞、缺刻，影响树势。幼虫体上有毒毛，触及人体会刺激皮肤发痒发痛。刺蛾的种类有主要有黄刺蛾、绿刺蛾、褐刺蛾和扁刺蛾等。全国均有发生。

1. 形态特征 主要刺蛾害虫形态特征见表 9-1。

表 9-1 主要刺蛾的形态特征

刺蛾	成 虫	卵	幼虫	茧
黄刺蛾	体长 13～17 毫米，呈黄色，前翅内半部黄色，外半部褐色，有两条暗褐色斜纹在翅尖汇合	椭圆形，扁平，淡黄色	长 16～25 毫米，呈黄绿色，中间有紫斑块，两端宽、中间细，呈哑铃形。身体上有枝刺，刺上具毒	椭圆形，长 12 毫米左右，质地坚硬，灰白色，具黑褐色纵条纹
绿刺蛾	体长 12～17 毫米，呈黄绿色，头顶胸背皆绿色，前翅绿色，翅基棕色，近外缘有黄褐色宽带	扁椭圆形，翠绿色	体长约 25 毫米，呈黄绿色，背具 10 对刺瘤均着生毒毛，后胸亚背线毒毛红色，背线红色，前胸有 1 对凸刺黑色，腹末有蓝黑色毒毛 4 丛	椭圆形，黑褐色
褐刺蛾	体长 17～19 毫米，灰褐色，前翅棕褐色，有两条深褐色弧形线，两线之间色淡，在外横线与臀角间有一紫铜色三角斑	扁平，椭圆形，黄色	体长 35 毫米，呈绿色。背面及侧面天蓝色，各体节刺瘤着生棕色刺毛，以第三胸节及腹部背面第一、五、八、九节刺瘤最长	椭圆形，灰褐色
扁刺蛾	体长 15～18 毫米，体刺灰褐色。前翅棕灰色，有一条明显暗褐色斜线，线内色浅，后翅暗灰褐色	椭圆形，扁平	体长 26 毫米，黄绿色，背面稍隆起，背面白线，贯穿头尾。虫体两侧边缘有瘤状刺凸各 10 个，第四节背面有一红点	长椭圆形，黑褐色

2. 发生规律及习性 黄刺蛾 1 年 1～2 代，以老熟幼虫在枝条分杈处或小枝条上结茧越冬。翌年 5～6 月化蛹，6 月中旬至 7 月中旬开始羽化。8 月中旬第一代成虫羽化产卵，第二代幼虫危害至 10 月。

绿刺蛾 1 年 1～3 代，以老熟幼虫在树干基部结茧越冬。6 月上旬开始羽化。8 月是幼虫危害盛期。

褐刺蛾 1 年 1～2 代，以老熟幼虫在土中作茧越冬。

扁刺蛾 1 年 1～2 代，以老熟幼虫在树下土中作茧越冬。6 月上旬开始羽化。幼虫危害期在 8 月中下旬。

3. 防治方法 秋季结合修剪，铲出虫茧并深埋。成虫出现期，根据其趋光特性，每天用杀虫灯诱杀成虫。摘除群集危害的虫叶并立即埋掉或将幼虫踩死。当初孵幼虫群聚未散时，摘除虫较集中的叶子并消灭。喷苏云金杆菌或青虫菌 500 倍液或 25％灭幼脲 3 号胶悬剂 1 000 倍液。

（三）核桃瘤蛾

核桃瘤蛾又名核桃毛虫。为鳞翅目瘤蛾科。幼虫危害叶子，是一种暴食性害虫，严重时可将核桃叶吃光，造成二次发芽，枝条枯死，树势衰弱，产量下降。主要分布于山西、河北、河南、陕西等省。

1. 形态特征 成虫体长 8～11 毫米，翅展 19～24 毫米，呈灰褐色。复眼黑色。前翅前缘至后缘有 3 条波状纹，基部和中部有 3 块明显的黑褐色斑。雄蛾触角羽毛状，雌蛾丝状。卵扁圆形，直径约 0.4 毫米，初产时为白色，后变黄褐色。幼虫体长约 15 毫米，头部暗褐色，腹部淡褐色，背部棕褐色，胸腹部第一至九节有色瘤，每节 8 个，后胸节背面有一淡色十字纹，腹部 4～6 节背面有白色条纹。胸足 3 对；腹足 3 对，着生在第四、五、六腹节上；臀足 1 对，着生在第十腹节上。蛹长 10 毫米左右，黄褐色。椭圆形，越冬茧丝质，黄白色，接土粒后褐色。

2. 发生规律及习性　1年发生2代，以蛹茧在树冠下的石块或土块下、树洞中、树皮缝、杂草内越冬。翌年5月下旬开始羽化，6月上旬为羽化盛期。6月为产卵盛期，卵散产于叶背面主侧脉交叉处。幼虫3龄前在叶背面啃食叶肉，不活动，3龄后将叶吃成网状或缺刻，仅留叶脉，白天到两果交接处或树皮缝内隐避不动，晚上再爬到树叶上取食。第一代老熟幼虫下树盛期为7月中下旬，第二代下树盛期为9月中旬，9月下旬全部下树化蛹越冬。

3. 防治方法　在树干上绑草诱杀幼虫。利用老熟幼虫有下树化蛹的习性，可在树干周围半径0.5米的地面上堆集石块诱杀。利用成虫的趋光性，可用黑光灯诱杀成虫。于幼虫发生危害期，喷布50%的杀暝松乳油1 000倍液。

（四）核桃举肢蛾

核桃举肢蛾俗称核桃黑，属鳞翅目举肢蛾科。主要危害果实，是造成核桃产量低、质量差的主要害虫。以幼虫蛀入幼果，使幼果皱缩，发黑，核桃仁发育不良，干缩。蛀蚀果柄，引起落果，造成核桃树产量大幅度下降，使果农经济效益大大受损，在我国山东、四川、贵州、山西、陕西、河南、河北等核桃产区普遍发生。

1. 形态特征　成虫体长5～8毫米，翅长13～15毫米，黑褐色，有金属光泽，关胸部色较深，复眼红色。触角丝状，下唇须发达，银白色，前翅甚至翅端2/3处近前缘部分有一半月牙形的白斑，右后缘1/3处有一近圆形白斑，翅面其他部分被黑褐色鳞粉。前后翅均有较长的缘毛。后足长于虫体。胫节和跗节被黑色毛束。卵圆形，圆形，0.3～0.4毫米，初产乳白色，渐变黄白色，孵化前红褐色。幼虫初孵时乳白色，头黄色，老熟时黄白色，体长7～9毫米。蛹纺锤形，黄褐色，长4～7毫米。茧长椭圆形，褐色，在较宽的一端，有一黄白色缝合线，即羽化孔。

2. 发生规律及习性 1 年发生 1～2 代，该虫在山西、河北每年发生 1 代，河南发生 2 代，在北京、陕西、四川每年发生1～2 代。以老熟幼虫在树冠下的土内或在杂草、石缝中或树皮缝中结茧越冬。翌年 5 月中旬至 6 月中旬化蛹。成虫发生期在 6 月上旬至 7 月上旬，羽化盛期在 6 月下旬至 7 月上旬。成虫交尾后，每头雌蛾能产卵 35～40 粒，卵 4～5 天孵化。幼虫孵化后即在果面爬行，寻找适当部位蛀果。初蛀入果时，孔外出现白色透明胶珠，后变为琥珀色。隧道内充满虫粪。被害果青皮皱缩，逐渐变黑，造成早期脱落。幼虫在果内危害 30～45 天，老熟后出果坠地，入土结茧越冬。早春干旱的年份发生较轻，羽化时，多雨潮湿，发生严重。管理粗放、树势较弱、较潮湿的环境发生较严重。

3. 防治方法 人工防治，结冻前彻底清除树冠下部枯枝落叶和杂草，刮掉树干基部老皮，集中烧掉。对树下土壤进行耕翻可消灭部分越冬幼虫。在幼果脱果前及时收埋或烧毁，提前采收被害果，减少下一年虫源。核桃举肢蛾对短波光趋性较强，可用黑光灯对核桃举肢蛾成虫进行引诱。

药剂防治，5 月下旬至 6 月上旬和 6 月中旬至 7 月上旬，为两个防治关键期。药剂可选择 5％高效氯氰菊酯乳油 2 000～3 000倍液，2.5％溴氰菊酯乳油 2 000～3 000 倍液，50％杀螟松乳油 1 000～2 000 倍液，每隔 10 天喷 1 次，连续喷 3 次效果较好。

（五）核桃小吉丁虫

核桃小吉丁虫属鞘翅目吉丁虫科，是核桃树的主要害虫之一。全国各核桃产区均有发生。主要危害枝条，严重地区被害株率达 90％以上。以幼虫蛀入二至三年生枝干皮层，或螺旋形串圈危害，故又称为串皮虫。枝条受害后常表现枯梢，树冠变小，产量下降。幼树受害严重时，易形成小老树或整株死亡。

1. 形态特征　成虫体长 4～7 毫米，黑色，有金属光泽，触角锯齿状，头、前胸背板及鞘翅上密布小刻点，鞘翅中部内侧向内凹陷。卵椭圆形，扁平。长约 1.1 毫米，初产卵乳白色，逐渐变为黑色。幼虫体长 7～20 毫米，扁平，乳白色，头棕褐色，缩于第一胸节，胸部第一节扁平宽大，腹末有一对褐色尾刺。背中有一条褐色纵线。蛹为裸蛹，初乳白色，羽化时黑色，长约 6 毫米。

2. 生活习性　该虫 1 年发生 1 代，以幼虫在二至三年生被害植株越冬。6 月上旬至 7 月下旬为成虫产卵期，7 月下旬到 8 月下旬为幼虫危害盛期。成虫喜光，树冠外围枝条产卵较多。生长弱、枝叶少、透光好的树受害严重，枝叶繁茂的树受害较轻。成虫寿命为 12～35 天。卵期约 10 天，幼虫孵化后蛀入皮层危害，随着虫龄的增长，逐渐深入到皮层危害，直接破坏疏导组织。被害枝条表现出不同程度的落叶和黄叶现象，这样的枝条不能完全越冬。

3. 防治方法　加强栽培管理，通过深翻改土、增施有机肥、适时追肥、合理间作及整形修剪等综合林业技术措施，增强树势，提高核桃树抗虫害能力。彻底剪除虫枝，消灭虫源。结合采收核桃，把受害枝条彻底剪除，或在发芽后成虫羽化前剪除，集中烧毁，以消灭虫源。诱饵诱杀虫卵。成虫羽化产卵期设置诱饵，诱集成虫产卵，再及时烧掉。

生物防治，核桃小吉丁虫有两种寄生蜂，自然寄生率为 16%～56%，释放寄生蜂可有效降低越冬虫口数，减少或减轻虫害。

化学药剂防治，在成虫发生期，结合防治核桃举肢蛾等害虫进行树冠药剂喷雾，7 天喷 1 次，连续喷 3 次。树冠上下、内外要喷均匀，若喷后下雨，雨后再补喷。喷施 10%氯氰菊酯2 000 倍液，或 1.8%阿维菌素 4 000～6 000 倍液。

（六）核桃扁叶甲

核桃扁叶甲又称核桃叶甲，金花虫，属鞘翅目叶甲科扁叶甲属。以成虫和幼虫取食叶片，食成网状或缺刻，甚至将叶全部吃光，仅留主脉，形似火烧，严重影响树势及产量，有的甚至造成全株枯死。主要分布于黑龙江、吉林、辽宁、河北、甘肃、江苏、山东等地。

1. 形态特征　成虫体长约 7 毫米，扁平，略成长方形，黑色，有金属光泽。前胸背板淡棕色，两侧为黄褐色，且点刻较粗。翅翘点刻粗大。卵长 1.5～2.0 毫米，长椭圆形，橙黄色，顶端稍尖。幼虫老熟幼虫体长 8～10 毫米，污白色，头和足黑色，胴部具暗斑和瘤起。蛹墨黑色，胸部有灰白纹，腹部第二至三节两侧为黄白色，背面中央灰褐色。

2. 生活习性　1 年发生 1 代。以成虫在地面覆盖物中或树干基部皮缝中越冬。在华北地区成虫于 5 月初开始活动，在云南等地于 4 月上中旬上树取食叶片，并产卵于叶背，幼虫孵化后群集叶背取食，只残留叶脉。5～6 月为成虫和幼虫同时危害期。

3. 防治方法　人工防治，冬春季刮除树干基部老翘皮并烧毁，去除越冬成虫。4～5 月成虫上树时，用黑光灯诱杀。

化学药剂防治，于 4～6 月喷 10％氯氰菊酯 8 000 倍液防治成虫和幼虫，防治效果好。

（七）木橑尺蠖

木橑尺蠖又名小大头虫、吊死鬼，属于鳞翅目尺蛾科。幼虫对核桃树危害很重。大发生年时，幼虫在 3～5 天即可把全树叶片吃光，致使核桃减产，树势衰弱。受害叶出现斑点状半透明痕迹或小空洞。幼虫长大后沿叶缘吃成缺刻，或只留叶柄。主要分布于河北、河南、山东、山西、陕西、四川、台湾、北京等地。

1. 形态特征　成虫体长 18～22 毫米，白色，头部金黄色。

胸部背面具有棕黄色鳞毛，中央有一条浅灰色斑纹。翅白色，前翅基部有一个近圆形黄棕色斑纹。前后翅上均有不规则浅灰色斑点。雌虫触角丝状，雄虫触角羽状，腹部细长。腹部末端有黄棕色毛丛。卵扁圆形，长约 1 毫米，翠绿色，孵化前为暗绿色。幼虫老熟时体长 60～85 毫米，体色因寄主不同而有所变化。头部密生小凸起，体密布灰白色小斑点，虫体除首尾两节外，各节侧面均有一个黄白色圆形斑。蛹纺锤形，初期翠绿色，最后变为黑褐色，体表布满小刻点。颅顶两侧有齿状凸起，肛门及臀棘两侧有 3 块峰状凸起。

2. 生活习性　木橑尺蠖每年发生 1 代，以蛹在树干周围土中或阴湿的石缝或梯田壁内越冬。翌年 5～8 月冬蛹羽化，7 月中旬为羽化盛期。成虫出土后 2～3 天开始产卵，卵多产于寄主植物树皮缝或石块中，幼虫发生期在 7 月至 9 月上旬。8 月上旬至 10 月下旬老熟幼虫化蛹越冬。幼虫活泼，稍受惊动即吐丝下垂。成虫不活泼，喜晚间活动，趋光性强。5 月降雨有利于蛹的生存，南坡越冬死亡率高。

3. 防治方法　人工防治，用黑光灯诱杀成虫或清晨人工捕捉，也可在早晨成虫翅受潮湿时扑杀。成虫羽化前在虫口密度大的地区组织人工于早春、晚秋挖蛹集中杀死。

化学药剂防治，幼虫孵化盛期，在树下喷 25％甲萘威 600 倍液，或 50％杀螟松乳油 800 倍液。

（八）草履蚧

草履蚧又名草鞋蚧。我国大部分地区都有分布。该虫吸食汁液，致使树势衰弱，甚至枝条枯死，影响产量。被害枝干上有一层黑霉，受害越重黑霉越多。

1. 形态特征　雌成虫无翅，体长 10 毫米，扁平椭圆，灰褐色，形似草鞋。雌成虫长约 6 毫米，翅展 11 毫米左右，紫红色。触角黑色，丝状。卵椭圆形，初产时黄白色，后变暗褐色，卵产于卵囊内，卵囊为白色绵状物。若虫与雌成虫相似，但较小，色较深。雄蛹圆锥形淡红紫色，长约5毫米，外被白色蜡状物。

2. 生活习性 1年发生1代。以卵在树干基部土中越冬。卵的孵化早晚受温度影响。初龄若虫行动迟缓，天暖上树，天冷回到树洞或树皮缝隙中隐蔽群居，最后到一、二年生枝条上吸食危害。雌虫经3次蜕皮变成成虫，雄虫第二次蜕皮后不再取食，下树在树皮缝、土缝、杂草中化蛹。蛹期10天左右，4月下旬至5月下旬羽化，与雌虫交配后死亡。雌成虫6月前后下树，在根颈部土中产卵后死亡。

3. 防治方法 人工防治，在若虫未上树前于3月初树干基部刮除老皮，涂宽约15厘米的粘虫胶带，粘胶一般配法为废机油和石油沥青各一份，加热溶化后搅匀即成；如在胶带上再包一层塑料布，下端呈喇叭状，防治效果更好。若虫上树前，用6％的柴油乳剂喷洒根颈部周围土壤。采果至土壤结冻前或翌年早春进行树下耕翻，可将草履蚧消灭在出土前，耕翻深度约15厘米，范围稍大于树冠投影面积。5月下旬雌虫下树期间，在树基处挖2～3尺*的圆坑，放入树叶杂草，雌虫下树钻入草内产卵，集中消灭成虫。

药剂防治，草履蚧若虫上树后，可在草履蚧若虫大多处于1龄期时，用高效氯氰菊酯乳油1 500倍液或10％吡虫啉可湿性粉剂1 500倍液均匀喷洒树体与地面进行防治。同时对发生区以外500米范围内喷药，防止害虫扩散蔓延。

（九）核桃缀叶螟

核桃缀叶螟又名卷叶虫，为鳞翅目螟蛾科。以幼虫卷叶取食危害，严重时把叶吃光，影响树势和产量。分布于全国各核桃产区。

---

* 尺为非法定计量单位，1尺≈0.33米。——编者注

1. 形态特征 成虫体长约 18 毫米，翅展 40 毫米。全身灰褐色。前翅色深，稍带淡红褐色，有明显的黑褐色内横线及曲折的外横线，横线两侧靠近前缘处各有黑褐色斑点 1 个，外缘翅脉间各有黑褐色小斑点 1 个。前翅前缘中部有一黄褐色斑点。后翅灰褐色，越接近外缘颜色越深。雄蛾前翅前缘内横线处有褐色斑点。卵球形，呈鱼鳞状集中排列卵块，每卵块有卵 200～300 粒。老熟幼虫体长约 25 毫米。头及前胸背板黑色有光泽，背板前缘有 6 个白点。全身基本颜色为橙褐色，腹面黄褐色，有疏生短毛。蛹长约 18 毫米，暗褐色。茧扁椭圆形，长约 18 毫米，形似柿核，红褐色。

2. 生活习性 1 年 1 代，以老熟幼虫在土中作茧越冬，距树干 1 米范围内最多，入土深度 10 厘米左右。6 月中旬至 8 月上旬为化蛹期，7 月上中旬开始出现幼虫，7～8 月为幼虫危害盛期。成虫白天静伏，夜间活动，将卵产在叶片上初孵幼虫群集危害，用丝黏结很多叶片成团，幼虫居内取食叶正面果肉，留下叶脉和下表皮呈网状；老幼虫白天静伏，夜间取食。一般树冠外围枝、上部枝受害较重。

3. 防治方法 人工防治，于土壤封冻前或解冻后，在受害根颈处挖虫茧，消灭越冬幼虫。7～8 月幼虫为害盛期，及时剪除受害枝叶，消灭幼虫。

药剂防治，7 月中下旬，选用灭幼脲 3 号 2 000 倍液或杀螟杆菌（50 亿/克）80 倍液或 50％杀螟松乳剂 1 000～2 000 倍液，或用 25％甲萘威可湿性粉剂 500 倍液喷树冠，防治幼虫效果很好。

（十）铜绿金龟

铜绿金龟又名铜绿金龟子、青铜金龟、硬壳虫等，属于鞘翅目丽金龟科，可危害多种核桃。幼虫主要危害根系，成虫则取食叶片、嫩枝、嫩芽和花柄等，将叶片吃成缺刻或吃光，影响树势及产量，全国各地均有分布。

1. 形态特征 成虫长约 18 毫米，椭圆形，铜绿色具有金属光泽。额头前胸背板两侧缘黄白色。翅翘有 4～5 条纵隆起线，胸部腹面黄褐色，密生细毛。足的胫节和趾节红褐色。腹部末端两节外漏。卵初产时乳白色，近孵化时变成淡黄色，圆球形，直径约 1.5 毫米。幼虫体长约 30 毫米，头部黄褐色，胸部乳白色，腹部末节腹面除沟状毛外，有两列针状刚毛，每列 16 根左右。蛹长椭圆形，长约 18 毫米，初为黄白色后变为淡黄色。

2. 生活习性 1 年发生 1 代。以幼虫在土壤深处越冬，翌年春季幼虫开始危害根部，5 月化蛹，成虫出现期为 5～8 月，6 月是危害盛期。成虫常在夜间活动，有趋光性。

3. 防治方法 人工防治，成虫大量发生期，因其具有强烈的趋光性，可用黑光灯诱杀；也可用马灯、电灯、可充电电瓶灯诱杀。具体方法：取一个大水盆（口径 52 厘米最好），盆中央放 4 块砖，砖上铺一层塑料布，把马灯或电瓶灯置于砖上，并用绳与盆的外缘固定好，为避免风吹灯倒，用电灯时直接把灯泡固定在盆上端 10 厘米处。为防止金龟子从水中爬出，在水中加少许农药。或将糖、醋、白酒、水按 1：3：2：20 的比例配成液体，加入少许农药制成糖醋液，装入罐头瓶中（液面达到瓶的 2/3 为宜），挂在核桃园进行诱杀。利用成虫的假死性，人工振落捕杀。

自然界中许多动物都有忌食同类尸体并厌避其腐尸气味的现象，利用这一特点驱避金龟子。具体方法：将人工捕捉的或灯光诱杀的金龟子捣碎后装入后塑料袋中密封，置于日光灯下或高温处使其腐败，一般经过 2～3 天塑料袋鼓起且有臭鸡蛋气味散出时，把腐败的碎尸倒入水中，水量以浸透为度。用双层布过滤 2 次，用浸出液按 1：（150～200）的比例喷雾。此法对于幼树、苗圃效果特别好，喷后被害率低于 10%。

保护利用天敌，铜绿金龟的天敌有益鸟、刺猬、青蛙、寄生蝇、病原微生物等。

（十一）大青叶蝉

大青叶蝉又名浮尘子、大绿叶蝉、青叶跳蝉等，属同翅目叶蝉科。在全国各地多有发生。在果树上刺吸危害枝条和叶片，但危害作用最大的是成虫成群结队地在果树当年生枝条皮层内产卵，产卵器刺破枝条表皮，使枝条表皮成月牙状翘起，破坏皮层，造成水分大量散失，抗寒能力下降，影响冬芽萌发或整段枯死。对幼树的危害尤其明显。危害轻者造成树势衰弱，严重时使全株死亡。

1. 形态特征　雌虫体长 9.4～10.1 毫米，头宽 2.4～2.7 毫米；雄虫体长 7.2～8.3 毫米，头宽 2.3～2.5 毫米。头部正面淡褐色，两颊微青，在颊区近唇基缝处左右各有 1 小黑斑；触角窝上方、两单眼之间有 1 对黑斑。复眼绿色。前胸背板淡黄绿色，后半部深青绿色。小盾片淡黄绿色，中间横刻痕较短，不伸达边缘。前翅绿色带有青蓝色泽，前缘淡白，端部透明，翅脉为青黄色，具有狭窄的淡黑色边缘。后翅黑色，半透明。腹部背面蓝黑色，胸、腹部腹面及足为橙黄色。卵白色微黄，长卵圆形，长 1.6 毫米，宽 0.4 毫米，中间微弯曲，一端稍细，表面光滑。若虫初孵化时为白色，微带黄绿色。头大腹小。复眼红色。2～6 小时后，体色渐变淡黄、浅灰或灰黑色。3 龄后出现翅芽。老熟若虫体长 6～7 毫米，头冠部有 2 个黑斑，胸背及两侧有 4 条褐色纵纹直达腹端。

2. 生活习性　在北方 1 年发生 3 代，第一、二代在农作物和蔬菜上危害，第三代成虫迁移到果树产卵，并以卵越冬。第三代成虫产卵于果树一至二年生枝条上，产卵器刺破表皮，形成月牙形伤口，每个伤口内有卵 7～10 粒。春季果树萌芽时孵化为幼虫，在杂草、农作物、蔬菜上危害。若虫期 22～47 天，第一代成虫 5 月下旬开始发生，6～8 月为第二代成虫发生期。8～11 月出现第三代成虫，各代重叠发生，10 月中旬后则转移到果树上产卵过冬，10 月下旬为产卵盛期。每雌虫可产卵约 50 粒左右，夏季卵期 9～15 天，越冬卵，卵期 5 个月以上，成虫喜在潮湿背风处栖息，在早晨或黄昏气温低时，成虫、若虫多潜伏不动，午间气温高时较为活跃。

3. 防治方法 人工防治，果园除草，茂盛杂草，为大青叶蝉的第三代生长及由杂草转向果树创造了条件。可翻园压绿或喷除草剂。有条件果园，灯光诱杀夏晚第一、二代成虫。一至五年生幼树园，当第三代成虫产卵前，可在枝干枝条上涂白。涂白剂配方：石硫合剂、食盐、黏土各 1 份，生石灰 5 份，水 20 份，再加少量杀虫剂。对于必须保留的被害枝梢，在卵孵化前用手压卵。

药剂防治，在第三代成虫向果树转移前喷药。自 9 月下旬至 10 月上旬每隔 10 天左右喷 1 遍药，效果较好。对果树、间作物、诱集作物、杂草同时喷药。可选用 6% 的吡虫啉乳油 3 000～4 000 倍液、5% 的啶虫脒乳油 5 000～6 000 倍液。

（十二）核桃横沟象

核桃横沟象，又名核桃黄斑象甲、根象甲，属鞘翅目象甲科昆虫，是核桃主要害虫之一。主要以幼虫在根颈部韧皮层中串食危害为主，幼虫刚开始危害时，根颈皮层不开裂，开裂后虫粪和树液流出，根颈部有大豆粒大小的成虫羽化孔。受害严重时，皮层内多数虫道相连，充满黑褐色粪粒及木屑，被害树皮层纵裂，并流出褐色汁液。由于该虫在核桃树根颈部皮层中串食，破坏了树体的输导组织，阻碍了水分和养分的正常运输，致使树势衰弱、核桃减产，甚至树体死亡。主要分布于陕西、河南、云南、四川等地。

1. 形态特征 成虫体黑色，体长 12～16 毫米，宽 5～7 毫米，头管长约为体长的 1/3，触角着生在头管前端，膝状。复眼黑色，胸背密布不规则的点刻。翅鞘点刻排列整齐，翅鞘的一半处各着生 3～4 丛棕色绒毛，近末端处着生 6～7 丛棕褐色绒毛，两足中间有明显的棕红色绒毛，跗节顶端着生尖锐钩状刺。卵椭圆形，长 1.4～2.0 毫米，宽 1.0～1.3 毫米，初产生时为乳白色或黄白色，逐渐变为米黄色或黄色。幼虫体长 14～20 毫米，弯曲，肥壮，多皱褶，黄白或灰白色，头部棕褐色。口器黑褐色。前足退化处有数根绒毛。蛹长 14～17 毫米，裸蛹，黄白色，末端有 2 根褐色臀刺。

2. 生活习性 在陕西、河南、四川为 2 年发生 1 代。以成虫及幼虫越冬。越冬成虫翌年 3 月至 4 月下旬开始活动，4 月日平均气温 10℃左右时上树取食叶片和果实等进行补充营养，5 月为活动盛期，6 月上中旬为末期。受害叶被吃成长 8～17 毫米、宽 2～11 毫米的长椭圆形孔。果实被吃出长 9 毫米、宽 5 毫米的椭圆形孔，深达内果皮，影响树势及果实发育，还危害芽及幼枝嫩皮。

越冬成虫能多次交尾，6 月上中旬下树将卵散产在根颈 1～10 毫米深的皮缝内，产卵前咬成直径 1.0～1.5 毫米圆孔，产卵于孔内，然后用喙将卵顶到孔底，再用树皮碎屑封闭孔口。9 月产卵完毕，成虫逐渐死亡，成虫寿命 430～464 天。每个雌虫一生最多可产卵 111 粒。

卵于 6 月上旬开始孵化，卵期 7～11 天。在适宜的温、湿度下，随着气温升高，卵期缩短。在裸露干燥的环境下，卵不能孵化，2～3 天后干死。幼虫孵出 1 天后，开始在产卵孔取食树皮，随后蛀入韧皮部与木质部之间。90％幼虫在根颈地下蛀食，最深可达 45 厘米，一般多在表土下 5～20 厘米处的根皮危害；距树干基部 140 厘米远的侧根也普遍受害；少数幼虫沿根颈皮层向上取食，最高可达 29 厘米长，但此类虫多被寄生蝇致死。虫道弯曲，纵横交叉，虫道内充满黑褐色粪粒及木屑，虫道宽 9～30 毫米，被害树皮纵裂，并流出褐色汁液。严重时 1 株树有幼虫60～70 头，甚至上百余头，将根颈下 30 厘米左右长的皮层蛀成虫斑，随后斑与斑相连，造成树干环割，有时整株枯死。

幼虫危害期长，每年 3～11 月均能蛀食，12 月至翌年 2 月为越冬期，当年以幼龄幼虫在虫道末端越冬，第二年以老熟幼虫越冬。经越冬的老熟幼虫，4 月下旬当地温度 17℃左右时，在虫道末端蛀成长 20 毫米、宽 9 毫米的蛹室蜕皮化蛹，5 月下旬为化蛹盛期，7 月下旬为末期，蛹期 17～29 天。

成虫于 5 月中旬（四川）或 6 月中旬（陕西）日平均气温达 15.4℃时开始羽化，6 月上旬或 7 月上旬为羽化盛期，8 月中下旬羽化结束。初羽化的成虫不食不动，在蛹室内停留 10～15 天，然后咬孔径 6～9 毫米的羽化孔；出蛹室上树进行补充营养，主要取食根颈部皮层，也食害叶片。交尾多在夜间，可交尾多次。在四川于 8～9 月产部分卵，直到 10 月，成对或数个在一起进入核桃树根颈部皮缝越冬。成虫爬行快，飞翔能力差，仅作短距离飞行，有假死性和弱趋光性。

此虫食性单一，除危害核桃树外，尚未发现危害其他树种。危害程度与环境因子有关，一般在土壤瘠薄、干燥环境生长衰弱的树木受害轻，在土层肥厚处生长健壮的树反而受害严重；幼树、老树受害轻，中龄树受害重；随着海拔升高，成虫出现时间推迟，危害也减轻。

3. 防治方法 清洁园内卫生，集中烧毁虫枝、虫果、虫叶，减少虫源、整枝修剪、加强土肥水管理等科学管理措施，增强树势，提高核桃抗虫能力。

人工防治。①根颈处涂石灰浆成虫产卵前，将根颈部土壤扒开，然后涂抹石灰浆后进行封土，阻止成虫在根颈上产卵，防治效果很好，达 95％以上。②冬季挖开根颈泥土，刮去根颈粗皮，在根部灌入人粪尿，然后封土，杀虫效果也很显著。③冬季结合垦复树盘，挖开根颈泥土，刮去根颈粗皮，降低根部湿度，造成不利环境条件，使其幼虫死亡。

生物防治。利用寄生蝇、黄蚂蚁、黑蚂蚁等天敌抑制核桃横沟象的发生与发展口，在 6～8 月成虫发生期，用 2 亿/毫升白僵菌液防治成虫。

化学药剂防治。①林内施放烟剂防治，应用敌敌畏烟剂防治核桃横沟象，防治效果显著，特别是缺少水源的山地，施烟防治是理想的防治措施。②6～8 月成虫发生期，结合防治核桃举肢蛾，喷 50％的三硫磷乳油 1 000 倍液、50％的杀螟松乳油 1 000 倍液。

（十三）核桃根结线虫

核桃根结线虫病是线虫引起的病害，植株根部受害后，先在须根及根尖处形成小米和绿豆大小的瘤状物，随后侧根也出现大小不等、表面粗糙的圆形瘤状物，褐色至深褐色。瘤块内有白色粉状物即线虫雌虫，梨形。发病轻时地上部症状不明显；重时根部根结量增多，瘤块变大、发黑、腐烂，使根系的根量明显减少，须根不发达，影响根的吸收机能。在地上部局部表现为顶芽、花芽坏死，茎叶卷曲或组织坏死以及形成叶瘿；全株表现为生长衰弱、矮小、发育缓慢、叶色变淡、叶片萎黄乃至整株死亡。由于地上部症状其类似肥水营养不良的现象，尤其在丘陵瘠薄山地发病的幼龄核桃更容易误认为是营养不良所致，往往耽误防治，严重影响核桃的生长和结实。核桃根结线虫病分布比较广泛。

1. 形态特征　根结线虫雌雄异体。幼虫呈细长蠕虫状。雄成虫线状，尾端稍圆，无色透明，大小（1.0～1.5）毫米×（0.03～0.04）毫米。雌成虫梨形，多埋藏在寄主组织内，大小（0.44～1.59）毫米×（0.26～0.81）毫米。卵囊通常为褐色，表面粗糙，常附着许多细小的砂粒。每头雌线虫可产卵 300～800 粒。

2 龄幼虫，虫体蠕虫状、体环细。头架中等发达，头冠低、平或稍微凹陷；唇区光滑，无环纹或不明显；口针纤细、直，口针基部球小、圆。

卵椭圆形，产于胶质卵囊中，胶质层薄。卵囊产于根内，不外露，可直接在根内孵化。

2. 生活习性 根结线虫本身移动能力很小，主要是通过苗木、土壤、肥料和灌溉水传播。根结线虫多分布在 0～20 厘米土壤内，特别是 3～9 厘米土壤中线虫数量最多，幼虫、成虫及遗落的卵均可在土中越冬，2 龄侵染幼虫侵入寄主后，在根皮和中柱之间危害并刺激根组织过度生长，形成根瘤。一年可进行数次侵染。成虫在土温 25～30℃、土壤相对湿度 40%～70% 时，生长发育最适宜。幼虫一般在 10℃ 以下即停止活动，55℃ 时 10 分钟死亡。感病时间越长，根结线虫越多，发病越重。在无寄主条件下可存活一年。

3. 防治方法 加强田间管理深耕土地，将表土翻至 25 厘米以下，深翻后增施腐熟有机肥，如鸡粪、棉籽饼，不施用未腐熟的带线虫的有机肥，可减轻线虫危害和发生。及时观察，一旦发现有根结线虫发生，要及时清除病残体，挖出病土、病根。

物理防治。严格进行苗木检疫，拔掉病株并烧毁；选用无线虫土壤育苗，轮作不感染此病的作物 1～2 年；避免在种过花生、芝麻、楸树的地块上育苗；深翻土壤可减轻病情。

化学药剂防治。可用溴甲烷、氯化苦或甲醛喷洒土壤或熏蒸土壤，用 80% 二溴丙烷乳剂、二溴乙烷等农药均有一定防治效果，可采用穴施、沟施等防治方法。使用药剂时一定要注意使用说明。

三、植物检疫防治

植物检疫就是一个国家或地方政府通过立法手段和先进的科技手段防止危险性病、虫、杂草的传播蔓延。危险性病、虫、杂草是指主要通过人类的经济活动和社会活动进行传播，传入后一且蔓延将给整个生态系统带来严重后患并且极难防治的病、虫、杂草。根据《中华人民共和国进出境动植物检疫法实施条例》规定，进出境动植物检疫的范围包括 5 个方面，①进境、出境、过境的动植物、动植物产品和其他检疫物；②装载动植物、动植物产品和其他检疫物的容器、包装物、铺垫材料；③来自动植物疫区的运输工具；④进境拆解的废旧船舶；⑤有关法律、行政法规、国际条约或者贸易合同约定应当实施进出境动植物检疫的其他货物、物品。

按《中华人民共和国进出境动植物检疫法》（以下简称《检疫法》）规定，不论是入境的还是出境的植物、植物产品或其他检疫物，都要进行审批和报检。检疫方法分为产地检疫、现场检疫、室内检疫、隔离检疫等。检疫结果的处理包括检疫放行、除害处理、销毁或退回、检疫特许审批等。

（一）植物检疫的意义

由于受到地理条件（如高山、海洋、沙漠等）的阻隔，植物病、虫、杂草的自然传播距离有限，而人的活动（如植物繁殖材料、产品的远距离调运）为危险性病、虫、杂草的远距离传播提供了机会，从而给调入地农业生产带来了潜在威胁。检疫性有害生物一旦传入新的地区，倘若遇到适宜的发生条件，往往造成比原产地更大的危害，因为新疫区的生态系统中还没有对新传入有害生物的控制因素。植物检疫是通过法律、行政和技术的手段，防止危险性植物病、虫、草及其他有害生物的人为传播，保障农业生产安全，促进贸易发展的有效措施，也是当今世界各国政府普遍实行的一项制度。一经发现，就要积极组织开展疫情监测调查及销毁控制和扑灭铲除工作。

（二）植物检疫的主要任务

植物检疫的任务主要有 3 个方面。

第一，禁止危险性病虫害随着植物及其产品由国外传入或国内输出，这是检疫的任务。对外检疫一般是在口岸、港口、国际机场等场所设立机构，对进出口货物、旅客的植物及邮件等进行检查。出口检疫工作也可以在产地设立机构进行检疫。

第二，将在国内局部地区已发生的危险性病、虫、杂草封锁，使其不能传到无病区，并在疫区把它消灭，这就是对内检疫。对内检疫工作由地方设立机构进行检查。

第三，当危险性病、虫、杂草一旦到新的地区时，应立即采取彻底消灭的措施。危害植物的病、虫、杂草种类很多，分布甚广；而植物及植物产品很多，调运情况又极其复杂。所以植物检疫不可能也不必要把所有病、虫、杂草都作为实施检疫的对象。而检疫对象是根据以下原则确定的：国内尚未发生的或局部发生的病、虫及杂草。危害严重，传入后可给农林生产造成重大损失的。可以人为地远距离传播的，即随种子、苗木、其他繁殖材料、加工产品或包装物传播的病、虫及杂草。

（三）植物检疫的措施

1. 禁止入境　针对危险性极大的有害生物，严格禁止可传带该有害生物的活植物、种子、无性繁殖材料和植物产品入境。土壤可传带多种危险性病原物，也被禁止入境。

2. 限制入境　提出允许入境的条件，要求出具检疫证书，说明入境植物和植物产品不带有规定的有害生物，其生产、检疫检验和除害处理状况符合入境条件。此外，还常限制入境时间、入境地点、入境植物种类及数量等。

3. 调运检疫　对于在国家间和国内不同地区间调运的应行检疫的植物、植物产品、包装材料和运载工具等，在指定的地点和场所（包括码头、车站、机场、公路、市场、仓库等）由检疫人员进行检疫检验和处理。凡检疫合格的签发检疫证书，准予调运，不合格的必须进行除害处理或退货。

4. 产地检疫　种子、无性繁殖材料在其原产地，农产品在其产地或加工地实施检疫和处理。这是国际和国内检疫中最重要和最有效的一项措施。

5. 国外引种检疫　引进种子、苗木或其他繁殖材料，事先需经审批同意，检疫机构提出具体检疫要求，限制引进数量，引进后除施行常规检疫外，尚必须在特定的隔离苗圃中试种。

6. 旅客携带物、邮寄和托运物检疫　国际旅客入境时携带的植物和植物产品需按规定进行检疫。国际和国内通过邮政、民航、铁路和交通运输部门邮寄、托运的种子、苗木等植物繁殖材料及应施检疫的植物和植物产品等需按规定进行检疫。

7. 紧急防治　对新侵入和核定的病原物与其他有害生物，必须利用一切有效的防治手段，尽快扑灭。我国国内植物检疫规定，已发生检疫对象的局部地区，可由行政部门按法定程序创为疫区，采取封锁、扑灭施。还可将未发生检疫对象的地区依法划定为保护区，采取严格保护措施，防止检疫对象传入。

四、农业防治

农业防治是为了防治病、虫、草害所采取的农业技术综合措施、调整和改善作物的生长环境，以增强果树对病、虫、草害的抵抗力，创造不利于病原物、害虫和杂草生长发育或传播的条件，以控制、避免或减轻病、虫、草的危害。主要措施有选用抗病虫品种、调整品种布局、选留健康种苗、轮作、深耕灭茬、调节播种期、合理施肥、及时灌溉排水、适度整枝打杈、搞好田园卫生和安全运输贮藏等。农业防治如能同物理、化学防治等配合进行，可取得更好的效果。

（一）培养健康苗木

苗木是核桃树生产的物质基础。没有核桃苗木，核桃生产就无从谈起，核桃苗木的质量好坏，直接影响到核桃园的建立速度与质量及以后核桃园的丰产性能与经济效益，只有品种优良、生长健壮、规格一致的良种壮苗，才能保证核桃树生产的需要。有些病害是通过核桃苗木、接穗、种子等传播的。对于这些病害的主要防治措施是培育健壮的苗木。

（二）搞好果园卫生

果园卫生包括清除残余病株，深耕除草、砍除转主寄主等措施。果园内的枯枝落叶、病虫果和杂草等中带有大量的病菌和虫卵，这些病菌和虫卵随枝叶落入土中，如不及时清理，翌年会继续危害果树。因此，要及时清扫、处理果园中的枯枝落叶、病虫果和杂草等。主要措施：①清除残枝落叶及杂草并集中烧毁；②及时清理地面、树体上的病虫果，集中埋入土中 30 厘米以下；③清除因病虫危害致死的植株。

（三）合理修剪

树体修剪是核桃栽培管理中的重要环节，也是病虫害防治的主要措施之一。合理修剪，可以调节树势，优化树体营养分配，促进树体生长发育，改善通风透光条件，增强树体抗病力，从而达到防止病菌侵害的目的。修剪还可以去除病枝等，减少病源。但是剪口也是病菌侵入的途径，如果剪刀上沾有病菌很容易使健康的核桃树受侵染。因此，每次修剪完毕要对剪刀进行消毒，除去修剪过程中沾染的病菌。

（四）科学施肥和排灌

加强肥水管理，可以提高核桃树的营养状况，提高树体抗病能力，达到壮树抗病的目的。核桃园施肥时，结合秋季核桃园施肥深翻，以施腐熟的有机肥为主。6 月以后以追施磷、钾肥为主，配方施适量氮肥，在 8 月喷施 0.2%～0.3% 的磷酸二氢钾溶液，以提高木质化程度。

核桃园的土壤含水量在田间持水量的 60%～80% 时最有利于核桃树生长，若土壤水分不足时应适时灌水，以浸湿土层 0.8～1.0 米厚为宜。夏季降水较多，应做好排涝工作。秋季要尽量少灌水，使土壤适当干旱，促进枝条木质化，以增强其越冬能力。另外，在土壤冻结前要灌足封冻水，使树体吸足水分，减少抽条。特别是秋季下雨多，核桃园积水，造成核桃树烂根和落果，枝条徒长，木质化程度差，易产生抽条。核桃园中要规划明暗沟排水系统，及时排水，可避免因涝灾造成核桃树抽条以致其死亡。

（五）适时采收和合理贮运脱青皮

收获果实是核桃栽培的主要目的，如不适时采收不仅影响核桃果实的产量，还会影响种仁质量。采收过早，青皮不易剥离，种仁不饱满，出仁率低，加工时出油率低，而且不耐贮藏。提前 10 天以上采收时，坚果和核仁的产量分别降低 12% 及 34% 以上，脂肪含量降低 10% 以上；过晚采收，则果实易脱落，同时果实青皮开裂后停留在树上时间过长，也会增加受霉菌感染的概率，导致坚果品质下降。深色核仁比例增加，也会影响种仁品质。脱青皮容易造成坚果破裂，直接影响储存和运输过程中坚果病害的发生和危害程度。

（六）科学生态使用农药

农药在核桃生产上必不可少，它是防控农业有害生物的主要方法。目前，农产品质量安全已受到消费者越来越多的关注。农药是重要的农业生产资料，但它同时又是有毒有害物质。科学、合理、安全使用农药不仅关系到农业生产的稳定发展，也关系到广大人民群众的身体健康，关系到人类赖以生存的自然环境。

1. 防治病虫，科学用药　对病、虫、草等，要采用综合防治（IPM）技术，充分了解病虫害发生规律，做到提前预防。病虫害的发生都需要一个过程，应该在发生初期进行防治，不要等到危害严重了才开始重视，应以不受经济损失或不影响产量为防治标准。要按照植保技术部门的推荐用药，在适宜施药时期，使用经济有效的农药剂量，采用正确施药方法施药。不得随意加大施药剂量或改变施药方法。

2. 适时适量用药，避免残留 要掌握好农药的使用剂量，严格按照使用说明提供的剂量使用。若增加用药量，不但造成农药浪费，而且还容易产生药害，增加核桃中的农药残留量，污染环境，影响食用者的身体健康；若减少用药量，则达不到预期的效果，不但浪费农药，而且误工误时。使用农药时，要几种农药交替使用，不要长期使用单一品种的农药，要尽量使用复配农药。长期使用单一药剂，容易引起病虫群体抗药性，造成果园病虫害的发生与药剂用量的恶性循环，最终导致核桃果实中的农药残留超标。

农药安全间隔期是指最后一次施药至作物收获时的间隔天数。施用农药前，必须了解所用农药的安全间隔期，施药时间必须在农作物的安全间隔期内，保证农产品采收上市时农药残留不超标。

3. 保护天敌，减少用药 田间瓢虫、草蛉、蜘蛛等天敌数量较大时，充分利用其自然控制害虫的作用。应选择合适的农药品种、控制用药次数或改进施药方法，避免大量杀伤天敌。

4. 禁止使用剧毒农药 自 2007 年 1 月 1 日起，我国将全面禁止甲胺磷、对硫磷、甲基对硫磷、久效磷和磷胺等 5 种高毒有机磷农药在农业上的使用。瓜果、蔬菜、果树、茶叶、中药材等作物，严禁使用高毒、高残留农药，以防食用者中毒，严禁使用的高毒农药品种有甲胺磷、氧乐果、甲拌磷、对硫磷、甲基对硫磷、水胺硫磷、毒死蜱、敌敌畏、三唑磷、乙酰甲胺磷、杀螟硫磷等 11 种。克百威、涕灭威、甲拌磷、甲基异硫磷等剧毒农药，只准用于拌种、工具沟施或戴手套撒毒土，严禁喷施。

（七）核桃病虫害的生物防治

生物防治是指利用有益生物或生物制剂来防治害虫。通俗地讲就是以虫治虫、以菌治虫、以鸟治虫。例如，利用鸟防治森林害虫，利用赤眼蜂来防治棉铃虫。采用生物防治要比化学防治更优越，原因是不使用农药、防治效果好、不污染环境，因此，生物防治具有广阔的应用前景。

1. 保护和利用天敌 核桃园中的害虫天敌，大约有 200 多种，常见的也有 10 多种。在果园生态系统中，物种之间存在着既相互制约、又相互依存的关系。由于害虫自然天敌的存在，一些潜在的害虫受到抑制，使果园虫害种群数量维持在危害水平之下，不表现或无明显的虫害特征。因此，在果园中害虫的天敌对害虫的密度和蔓延，起到了减少和抑制的作用。在无公害果品生产中，应尽量发挥天敌的自然控制作用，避免采取对天敌有伤害的病虫防治措施，尤其要限制光谱有机合成农药的使用。同时，要改善果园生态环境，保持生物多样性，为天敌提供转换寄主和良好的繁衍场所。在使用化学农药时，要尽量选择对天敌伤害小的选择性农药。秋季天敌越冬前，在枝干上绑草把、旧报纸等，为天敌创造一个良好的越冬场所，诱集果园周围作物上的天敌来果园越冬。冬季刮树皮时，注意保护翘皮内的天敌，生长季节将刮掉的树皮妥为保存，放进天敌释放箱内，让寄生天敌自然飞出，增加果园中天敌的数量。

（1）捕食性天敌。

①瓢虫。幼虫和成虫都以害虫为食物，成虫身体有硬鞘，体型似瓢，故名瓢虫。翅鞘和胸背面有条纹或圆斑。幼虫略呈长纺锤形，尾端较尖，灰黑色，只有胸足，无腹足。有些虫类还长有刺毛，体背面有红斑。

②草蛉。成虫和幼虫都以害虫为食物。成虫体长 9～15 毫

米，体绿色，翅透明，复眼较大，黑色，有金黄色光泽。触动后分泌特殊恶臭。卵有一丝连于叶片上，卵粒椭圆形，很小。幼虫略呈张纺锤形，长 10～12 毫米，灰褐色，头部有对发达的大颚你，伸向前方。有胸足，无腹足。草蛉是多食性昆虫，主要以蚜虫、介壳虫、叶螨等为食物。

③食虫蝽象。以捕食害虫为食物的蝽象种类很多，统称为食虫蝽象。成虫长约 2 毫米，体暗褐色。成虫和若虫均以害虫为食。能吸食蚜虫、叶螨、网蝽、叶蝉及一些鳞翅目害虫的卵。

④捕食性螨。捕食性螨即肉食性螨。在核桃叶背面主脉旁常见有污白色略呈椭圆形有光亮的螨。以核桃叶螨为食。对控制核桃叶螨的发生起到了很大的作用。

（2）寄生性天敌。

①寄生蜂。成虫把卵产在虫卵或虫体中，幼虫就在其中生活，寄主并不立即死去，继续生长发育，寄生蜂幼虫也随之长成。当寄生蜂老熟时寄主体躯或被消耗殆尽早已死去，或至奄奄一息自行死亡。由用有些寄生蜂身体很小，寄生在昆虫的卵中，也有寄生在幼虫身上。因此对核桃苗害虫起着很大的作用。

②寄生蝇。成虫将卵产在虫体的表皮或刺毛上。幼虫孵化后钻入体内，随寄主的生长而长成，老熟后钻出体外或仍在体内羽化，从而消灭害虫。对控制核桃苗的根象甲有一定作用。

2. 利用微生物或其代谢产物防治病虫　在自然界害虫常因感染了真菌、细菌、病毒而死亡。人们利用这一特性，将这些微生物经过人工培养，制成菌剂防治害虫，可以收到显著的效果。从当前核桃苗害虫防治工作中的生物防治来看，其内容包括了自然界天敌对害虫的控制，和人为释放天敌消灭害虫，以及使用菌剂防治害虫。核桃苗产区自然界的天敌资源非常丰富，从而抑制了很多害虫大发生，或是使一些害虫形成周期性大发生。这对核桃苗害虫起到了非常好的生物防治作用。生物防治往往不需要任何开支，利用自然界的天敌即可把害虫控制在不致为害的程度，是综合防治措施中较为理想的一种方法。利用真菌、细菌、放线菌、病毒和线虫等有害微生物或其他代谢产物，防治果树病虫、喷洒苏云金杆菌乳剂或青虫菌 6 号 800～1 000 倍液，对防治核桃刺蛾、尺蠖、潜叶蛾、毒蛾和天幕毛虫等多种鳞翅目初孵幼虫，有较好的防效。用抗菌霉素 120 防治核桃树腐烂病，具有复发率低、愈合快、用药少和成本低等优点。

3. 利用昆虫激素防治害虫　利用昆虫激素防治核桃害虫，在果树生产中应用广泛。昆虫激素可分为外激素和内激素两种。外激素是昆虫分泌出的一种挥发性物质，如性外激素和告警外激素。内激素是昆虫分泌在体内的化学物质，用来调节发育和变态的进程，如保幼激素、蜕皮激素和脑激素。性外激素在果树害虫防治工作中，比内激素的使用范围更为广泛，昆虫主要是通过嗅觉和听觉来求得配偶的。人为地采用性外激素，大量诱集雌虫、使雌虫失去配偶机会，从而不能繁殖，达到防治害虫的目的。通常使用的方法有性诱剂迷向法和诱捕法两种。

（1）性诱剂迷向法。在昆虫交配期间，通过释放大量昆虫性外激素物质或含性引诱剂的诱芯，与自然条件下昆虫释放的性外激素产生竞争，中断雌雄个体间的性信息联系，以降低虫口密度、减少后代繁殖量的一种防治技术。应用性诱剂迷向法防治害虫，需要在成虫交配活动层空间，存在稳定的生态小气候环境，便于性诱剂气体物质滞留，对雌雄个体间的交配联系起到干扰作用，使雄蛾几乎找不到雌蛾进行交配，交配率显著下降。性诱剂是一种仿生的化合物，无毒无公害，成本低廉，使用方便，用它来防治害虫，可减少因滥施农药而造成中毒事件的发生和减轻环境污染，增强自然天敌的控制作用，保持生态平衡，有利于促进农业的可持续发展。性诱剂具有以下优点：①活性强，灵敏度高，一个诱芯能引诱几十米、几百米远的雄蛾。②专一性强，选择性高，只对特定害虫发生作用。③用法简单，价格低廉，每亩地用 1～2 个诱芯，有效诱蛾时间达一个月，可防治一个世代的蛾子。④无毒无害，污染小，属于仿生农药，不污染环境，对人、畜、天敌和作物无毒，无须直接喷施，长期使用不产生抗药性。性诱剂能够更加准确地进行虫情预测预报，它作为测报的工具和手段，既是有效的防治措施，又可有效地指导害虫的综合防治。

（2）诱捕法。把羽化后尚未交尾的雌虫腹末三节剪下，浸在二氯甲烷、乙醚、丙酮、苯等溶液中，将组织捣碎滤出残渣，然后蒸去滤液中的溶剂，即可得初提物，将初提物用于喷洒。

（八）核桃烂果病综合防治措施

目前，我国核桃栽培面积 555 万公顷左右。由于大多管理较为粗放，导致核桃病虫害逐年加重，而防治多采用单一的药剂防治措施，效果甚微，尤其核桃炭疽病和黑斑病引起的烂果，严重影响了坚果品质和产量，大大减少了果农的经济收入。

核桃黑斑病，属细菌性病害，是一种世界性病害。核桃炭疽病，属真菌性病害。病菌在病果及病叶上越冬，翌年借风、雨、昆虫传播，从伤口、气孔、皮孔侵入。7 月上旬至 8 月中开始发病，一般表现为幼果期侵入，中后期发病。当年雨季早，雨水多、湿度大则发病早且重；在平地或地下水位高、株行距小、树冠郁密、通风透光不良条件下，发病较重。针对我国核桃生产现状和烂果病的发病规律，应采取如下烂果病综合防治措施。

1. 合理间伐，合理密度，改善光照 栽培密度应根据立地条件、栽培品种和管理水平不同而定。土层深厚，肥力较高平原丘陵，株行距大一些，晚实核桃 6 米×8 米或 8 米×9 米，早实核桃 4 米×5 米或 4 米×6 米。

2. 适时修剪，合理修剪，因种造形，通风透光 长期以来，修剪多在春季萌芽后（春剪）和采收后至落叶前（秋剪）进行。但是，多年的实践经验表明，核桃冬剪不仅对生长和结果没有不良影响，而且在新梢生长量、坐果率和树体营养等方面的效果，都优于春、秋剪。

晚实核桃树形常为主干分层形，干高 1.5～2.0 米，层间距 1.0～2.0 米，层内距大于 20 厘米。早实核桃树形现推主干形，干高 1.0～1.5 米，邻近主枝距离 20～30 厘米，主枝基角 90°，梢角大于 90°；一年生主枝长放，隔年短截；8～10 个主枝，树高 4 米左右。

3. 深翻扩穴，增施有机肥，合理追肥 深翻扩穴的深度为 80～100 厘米。深翻的同时可以进行增施有机肥、绿肥、土壤改良剂等。

早实核桃施足发芽花前肥，以速效氮为主，株施尿素 0.5～1.0 千克；重视幼果膨大（6 月）肥，株施氮、磷、钾复合肥 1.5～2.5 千克；施好硬核（7 月）肥，株施氮、磷、钾复合肥 0.5～1.0 千克。

4. 谨防蛀果害虫，搞好果园卫生 及时防治核桃举肢蛾、长棒象等害虫，采果时避免损伤枝条，从而减少伤口和传带病菌介体，达到防病的目的。清除病叶、病果，核桃采收后脱下的果皮，集中烧毁或深埋，剪除病、枯枝，彻底清园，减少越冬菌源。

5. 药剂防治 发芽前，喷 3～5 波美度石硫合剂，消灭越冬病菌；落花后喷 72％农用链霉素可溶性粉剂 3 000 倍液；5 月下旬和 6 月中旬，各喷一次 72％链霉素可湿性粉剂 3 000 倍液＋70％甲基硫菌灵可湿性粉剂 1 000 倍液；7 月上中旬喷 72％链霉素可湿性粉剂 3 000 倍液＋80％戊唑醇 4 000 倍液；8 月上旬喷 25％咪鲜胺乳油 1 000 倍液＋70％甲基硫菌灵可湿性粉剂 1 000 倍液。

第十章
主要自然灾害的防御

　　自然灾害是指给人类生存带来危害或损害人类生活环境的自然现象，包括干旱、高温、低温、寒潮、洪涝、积涝、山洪、台风、龙卷风、火焰龙卷风、冰雹、风雹、霜冻、暴雨、暴雪、冻雨、大风、结冰、霾、浮尘、扬沙、沙尘暴、雷电、雷暴、球状闪电等气象灾害。自然灾害在核桃栽培生产过程中经常发生，危害很大，主要包括冻害、早春晚霜危害和冬季抽条等。

一、冻害的防治措施

　　冻害是指冬天受到低温，特别是剧烈的变温使树体器官和组织受害，低温对核桃树的影响主要有两种类型，一是在冬季休眠期绝对低温的出现，若低温超出了核桃在休眠期能忍受的低温范围时就会产生冻害；二是秋末冬初或早春的早春晚霜冻害。

（一）冬季冻害种类

　　1. 严寒冻害　深冬季温度低于核桃树所能耐受的极限温度并且持续时间较长，对核桃树枝干所造成的冻害。这种冻害较轻时，雄花芽、叶芽（含混合芽）受冻，鳞片开裂、芽体干枯。较重时，主干或骨干枝冻裂、根茎以上韧皮部、形成层、木质部乃至髓心变褐，或形成局部冻斑，再严重的根茎、树干韧皮部、形成层、木质部、髓心全部变褐坏死。

核桃幼树在－20℃条件下就出现冻害，成龄树最低可耐－30℃低温，但－26～－28℃低温时，枝条、雄花芽和叶芽均受到冻害。如果低温持续时间长，－22℃的低温也可造成枝条、雄花芽和叶芽的冻害。

2. 冻融交替引起的冻害　暖冬、初冬或早春季节，如果昼夜温差过大，白天温暖气温在0℃以上且天气晴朗，夜间寒冷，气温在－10℃以下，夜间树干韧皮细胞液结冰，白天13～15时太阳直射处的树干韧皮细胞液溶化，夜间细胞液再结冰，如此反复多次，就会造成该部位细胞损伤，形成冻害。这种冻害的主要症状是树干西南方位皮部组织变褐，形成冻斑，且靠近根颈处最易受冻。

3. 初冬冻害　此类冻害偶有发生，其发生原因是初冬季节核桃树体尚未正式进入休眠期，生长旺盛的幼树和立地条件好的初果期树还没有完全落叶或刚开始落叶，树体内部代谢依然比较旺盛，枝条组织的抗低温能力较差，如遇骤然降温会使树体韧皮部和形成层受到伤害。这时的冻害以枝干为主，且以幼树和旺长树为主，主要表现是枝条韧皮部和形成层组织变褐，继而造成枝条枯死。严重的可造成五至十年生枝干局部或全部韧皮部、形成层组织变褐甚至死亡。

（二）冻害的主要防治措施

核桃树发生冻害的主要原因是气候，但核桃本身贮存营养状况和枝条的充实程度也是影响冻害程度的重要因素。采用适当的栽培技术措施和管理方法可以在一定程度上减轻甚至避免核桃树冻害的发生。

1. 科学规划，适地适树　为了避免因冻害造成的损失，发展核桃必须根据核桃生物学特性和自然分布特点，明确适宜栽培区和次适宜栽培区，在此基础上，再根据适宜栽培区内的局部小气候特点、土壤和肥水状况进行规划。

2. 加强管理，提高树体的抗寒能力 一是加强肥水管理，提高树体的营养水平，重施有机肥，每年果实采收后至 10 月下旬尽可能早地施入有机肥，利用秋季根系生长高峰期，提高树体贮藏营养水平；生长季节前期，根据树体生长和结果需要，及时施入足量的速效肥，并及时灌水。生长后期，控制氮肥和浇水，避免秋后新梢旺长。二是做好疏花疏果工作，合理调节结果量，避免因结果过多而影响树体营养积累，降低越冬抗寒能力。

3. 越冬前树干刷干涂白 入冬以前，对核桃树主干和一级骨干枝基部涂白，可以提高核桃树枝干的抗寒能力，特别是可以避免冻融交替对树干的伤害。用石硫合剂 0.5 千克、生石灰 5 千克、食盐 0.5 千克、动物油 0.5 千克、水 20 千克配制树木涂白剂。在休眠期涂刷树干还可以防治腐烂病、溃疡病等。

4. 幼树防寒 结果以前的幼树，包括刚改接的树，新梢生长旺盛，停止生长晚，越冬时枝条组织充实程度差，容易发生冻害或抽条。主要预防措施如下。

（1）加强肥水管理。在正常施入基肥和追肥的基础上，注重叶面喷肥，6 月之前喷 0.3%～0.5% 尿素，促进新梢和幼树快速生长，扩大树冠。进入 7 月后喷施 0.3%～0.5% 的磷酸二氢钾，每隔 12～15 天施用 1 次，提高新梢组织充实程度。8 月以后要注意肥水，并减少浇水和氮肥施用，以避免秋梢徒长。

（2）摘心。8 月底至 9 月初，对没有正常停止生长的幼树新梢要进行人工摘心，强制促其停止生长。如摘心后出现二次生长，保留两片叶进行二次摘心。

（3）埋土防寒。栽后一至二年的幼树，将树干向嫁接口的反方向压倒埋土防寒，埋土厚度要达到 20 厘米以上，这是幼树防寒最有效的措施。对树体较大无法压倒的，可以在入冬以前用聚乙烯涂抹幼树的所有枝干和新梢，然后在幼树基部堆一高 30～40 厘米的土堆，对防止早春新梢抽条也有较好的效果。

二、晚霜害的防治措施

（一）晚霜危害

我国北方早春正值冷暖过渡季节，经常受到冷空气的侵袭，气温突降，使正在解除休眠的核桃树遭受低温伤害；寒潮来时，如果核桃园局部气温降到 -2～-1℃ 以下，则会凝霜，使核桃树遭受到霜害。晚霜能使萌动的芽、花、幼叶都能受伤害。当萌动的芽受伤害后，外表变褐色或黑色、鳞片松散，不能萌发，而后干枯脱落。在花蕾和花期，花器中以雌蕊最不耐寒，遇轻霜即可受害，虽能正常开放，但不能受精结果；霜害严重时，花瓣变色脱落，雄蕊冻死。

（二）晚霜的主要防治措施

1. 选择适宜园址，选择抗晚霜品种　一般山区或缓坡地带建园较好，要选栽抗霜冻力较强、开花较晚、生长期较长的品种和树种，更要营造果园防护林带，以改变果园小气候。

2. 人为推迟萌芽期，避开晚霜危害

（1）保暖预防。在花芽露白或花蕾开裂期可喷 200～300 倍滑石粉，可起到穿衣戴帽保护花器的作用。

（2）改变果园小气候条件。根据当地气象部门的霜冻预报，可以采用物理防御方法防霜冻。

（3）树干涂白。春季对树干和主枝涂白，既能防治病虫害，又可以减少太阳热能的吸收，延迟花期 3～6 天，这在春季温度变化剧烈的渭北地区，效果尤为突出显著。

（4）人工喷水和喷肥。利用微喷设备在树体上喷水，水遇冷凝结时可以放出潜热，增加温度，减轻冻害。根外施肥，壮花防病、提高坐果率，显著提高细胞液浓度，提高抗冻性。

（5）春季灌水。萌芽前灌水能降低土温延迟物候期，萌芽前后至开花前灌水 1～2 次。由于土壤含水量较高，水的热容量大，使地面的气温下降缓慢，这样可以补充树体水分，而且减低地面辐射，增加空气温度，可提高地温 3～5℃，延迟开花，灌水时间以霜冻前 3～7 天为最好。无灌水条件的可在早春覆草，通过覆草后早春表土地温上升缓慢，根系活动推迟，以使花期推迟 3～5 天。

（6）熏烟法。气象部门预报可能发生霜冻的夜晚，在果园内点火熏烟，使雾笼罩于果园上空。一方面可减少土壤热量的辐射散发；另一方面使烟粒吸收湿气，使水分凝结形成液体而放出热量，提高气温。常用的熏烟方法是用易燃的干草、秸秆、锯末加上潮湿的树叶混合堆放在一起，外覆压一层薄土，发烟堆应分布于果园四周及中间，上风头应多一些发烟堆，以利于烟雾迅速布满全园。也可用农用烟雾机喷施烟雾剂，烟雾更快布满全园。这样可提高温度 2～3℃，效果显著。要使熏烟法达到较好的防晚霜效果，应做到以下几个方面。①熏烟时间不能太晚，应在霜冻出现 2～3 个小时前点火发烟；②不能明火熏烟，明火发烟少，暗火浓烟多；③应预防火灾；④熏烟应实行联合行动，到时候一齐行动，浓烟滚滚，在果园上空形成一个大的烟雾罩，把果园整个保护起来；⑤熏烟时间不能太短，应坚持整夜进行。

（7）加强综合管理，增强树势及抗霜冻能力。搞好病虫害防治、合理负载等，都可增强树势及树体的营养贮存水分，提高抗寒力。

（8）加强晚霜危害后管理工作。若霜冻已发生，更应采取积极措施加强各项技术管理，特别是叶面喷肥，使其迅速恢复树势；同时对晚开花没有受冻危害的花及时进行人工授粉，喷硼（0.3％）、尿素（0.3％～0.5％）、防落素（30 毫克/升）或磷酸二氢钾等措施，以提高坐果率；并要加强病虫防治，保护好叶片，搞好前促后控的肥水管理及各项配套措施，以充分提高树体营养贮藏水平，为优质丰产奠定基础。

三、抽条的防治措施

抽条又称为灼条，在核桃树上比较常见，核桃树越冬后枝干因失水皱皮或干枯的现象称为抽条。往往还伴有冻害、日烧发生。核桃树越冬抽条主要是越冬准备不足，核桃树受冻害造成枝条干枯。所谓冻害抽条，就是冬春期间，主要是早春，由于土壤水分冻结或地温过低，根系不能或极少吸收水分，而地上部枝条的蒸腾强烈，打破了树体水分平衡，出现生理干旱，造成植株严重失水的现象。它是由于核桃树吸水和失水（蒸腾）不平衡造成的后果。核桃树抽条与外界气候影响特别大、冬春冻土深，解冻迟而地温低，早春气候干燥，多风而水分强烈蒸发，容易造成抽条。此外，核桃品种、核桃本身贮存营养状况和枝条的充实程度也是影响抽条的重要因素。抽条的主要防治措施如下。

（一）选择抗寒性强的品种

要选择抗寒性砧木，在核桃产区，以选用当地核桃作为砧木为宜。在品种选择上，应优先选择地方优良核桃树品种，如鲁果12号、西洛1号等，避免发展不抗寒的核桃树品种。

（二）合理施肥

核桃园施肥时，结合秋季核桃园施肥深翻，以施腐熟的有机肥为主。一般施有机肥 3 000～4 000 千克/亩，6 月以后以追施磷、钾肥为主，配方施适量氮肥，在 8 月喷施 0.2%～0.3%磷酸二氢钾溶液，加 15%多效唑 500 倍液，每隔 10 天喷 1 次，共喷 2～3 次，以促进枝条早停止生长，提高木质化程度，增强持水能力。

（三）适时灌水与排水

核桃园土壤含水量在田间持水量的 $60\%\sim80\%$ 时最有利于核桃树生长，若土壤水分不足时应适时灌水，以浸湿土层 $0.8\sim1.0$ 米厚为宜。秋季要尽量少灌水，使土壤适当干旱，促进枝条木质化，以增强其越冬能力。另外，在土壤冻结前要灌足封冻水，使树体吸足水分，减少抽条。若秋季降雨多，核桃园积水，则造成核桃树烂根和落果，枝条徒长，木质化程度差，易产生抽条。核桃园中要规划明暗沟排水系统，及时排水，可避免因涝灾造成的核桃树抽条以致核桃树死亡。

（四）加强中耕除草

$5\sim6$ 月核桃园在灌水或雨后结合追肥浅锄 $2\sim3$ 次，深度 $10\sim15$ 厘米，从而达到消灭杂草、疏松土壤、蓄水保墒、促进根系生长的目的，使核桃树生长健壮，枝条充实，以防止核桃树抽条发生。

（五）合理修剪

加强核桃幼树修剪工作。在 4 月要及时抹除多余的芽枝，减少养分消耗。$5\sim6$ 月对枝条进行摘心，以增加枝条的粗度，积累养分。9 月初对旺长的核桃树枝条进行摘心，防枝条徒长。冬季修剪采用短剪和疏剪的方法，及时剪去多余的无效枝，减少养分消耗，改善通风透光条件，增强树体抗性。

（六）防治大青叶蝉

9 月末至 10 月初在雌成虫产卵前，喷施 20% 的叶蝉散乳油 800 倍液 $2\sim3$ 次，$7\sim10$ 天喷 1 次。结合冬季修剪，剪除被害枯梢烧毁。

（七）树干涂白

在越冬前，用石硫合剂 0.5 千克、生石灰 5 千克、食盐 0.5 千克、动物油 0.5 千克、水 20 千克配制树木涂白剂。涂抹核桃树树干和大枝，以确保核桃树安全越冬，同时还可防治核桃小吉丁虫危害。

（八）喷保护膜

在抽条发生期前喷羧甲基纤维素 150 倍液，每隔 20 天喷 1 次，喷 2～3 次。聚乙烯醇涂干。聚乙烯醇：水＝1：（15～20），先将水烧至 50℃左右，然后加入聚乙烯醇（不能等水烧开后再加入，否则聚乙烯醇不能完全溶解，溶液不均匀），随加随搅拌，直至沸腾，然后用文火熬制 20～30 分钟后即可。待温度降到不烫手后使用。涂刷幼树枝干，或喷施核桃枝干，该方法对大树枝干防寒效果较好。

第十一章
核桃园经营管理与市场营销策略

现代农业是中国农业发展的基本方向，人多地少、农户经营规模小以及生产经营方式比较粗放的状况是中国现代农业的严重制约因素。为了推进现代农业又好又快发展，需要在坚持家庭承包经营基本制度的同时选择和创新农业经营模式。我国农业经营的形式主要有家庭（农户）经营、集体经营、合作经营等。农业经营模式创新的方向是符合集约化经营要求的前提下，走专业化、规模化、一体化、商业化和社会化的农业发展道路。2013年中央1号文件提出，积极培育家庭农场、专业大户、农民合作社、农业产业化龙头企业等新型农业经营主体。支持多种类型的新型农业服务主体开展代耕代种、联耕联种、土地托管等专业化规模化服务。

一、核桃园经营管理

借着2013年中央1号文件的春风，发展家庭农场在各地掀起一轮热潮。发展家庭农场经营模式是农业改革的重要成果，也是未来我国农业发展的趋势和走向，它对发展农业生产和提高农业综合生产能力，推进我国农业现代化进程，都具有非常重要的现实意义。发展家庭农场，应从以下几个方面进行经营管理。

（一）积极寻求政府政策支持

开办家庭农场最重要的是要解决土地和资金问题，具体来说就是要解决土地流转成本高、难度大、不稳定、融资难的问题。进行土地流转时，首先从政策和相关法律法规中寻找司法保障，并规范相关合同文书的签订，一切做到合法办事，从根源上杜绝事后纠纷。然后积极争取合法的土地承包经营权证书，让农村土地流转有凭有据。积极反应和呼吁政府工商部门出台家庭农场认定、注册、经营范围的相关规定和家庭农场的相关政策出台，进而期待能够获取更多优惠和扶持。最后从政府补贴和银行贷款两方面解决融资难题。寻找相关优惠政策进行银行贷款，必要时请求政府相关部门的支持和协助。

（二）制定科学合理的经营管理策略

在制度制定上要突出以下 3 方面的特征：第一，以经营种养业为主，同时辅之以农副产品加工和营销。第二，以资本集约经营为主，家庭农场是投资主体、经营主体和受益主体。第三，以非家庭经营和雇工经营为主，追求劳动高效率，利润最大化，绝大多数纯属商品化生产。

在经营管理上坚持民主经营决策，尽可能避免家长式经营决策。招聘和引进职业经理人进行农场经营指导，物色合适的农业技术方面的人员，并制定相应的激励政策和福利制度，从而解决技术问题。加强服务人员队伍建设，提高主要竞争力和生命力。要形成自身的个性和风格，以"特色"来吸引人，但这种"特色"是建立在规范服务的基础之上的。

（三）合理规划家庭农场和做好整体布局

在经营家庭农场主体下，兼顾发展休闲农场。以强化以居住度假为核心的多元功能表达，强调以农产品与文化相融合的特色主题营造，形成整体生态优化的乡村环境氛围为指导思想。

在规划和布局时，要充分利用当地地形、水体和植物，考虑农场硬件设施的建设。人们旅游活动的开展必然会涉及道路、停车场、餐厅、宾馆等服务设施的建设和指示牌、垃圾箱等环境景观的设计，这些设施规划可以参照一般风景园林的景观设计标准，结合实际，设计要求与环境共生，体现生态和自然原理。它们的风格、尺度、轮廓、色彩等都要与农场的草木、河湖、山体等自然环境结合得贴切、完美。例如，景区内道路应根据自然地势设计；农庄建筑最好采用乡村民居的形式；餐饮设施可以是与环境相协调的野外型、家庭旅馆型，或将餐饮与观光温室结合的温室餐厅；住宿设施如渔家客栈、农家旅店应安置在相对安静的区域，有怡人的景致，与娱乐区有一定距离；可以建立生态停车场，例如，可在车场地表铺设生态植草砖，以大型树木作为绿化骨干，采用植物搭起隔离带，可以解决酷暑季节旅游车辆的遮阴和净化汽车尾气的问题；标牌的设置位置要方便游者寻找，尺度和材料必须和周围的建筑及环境相适应等。

（四）提高产品质量，拟定合理的产品策略

1. 因地制宜，选择优良品种　贯彻适地适树原则，选择优良品种，避免盲目引种栽培，增强竞争优势。

2. 加强经营管理，努力提高产品的质量　应用标准化栽培技术，提高核桃种植质量，为提高核桃的产量和质量奠定坚实的基础。积极做好核桃树体的管理工作，加强保土保水保肥综合管理，做好整形修剪，增强树势，以达到优质、丰产目的。

3. 全员培训，提高科技化水平　加大培训工作力度，加强干果经济林产业经营管理技术培训，提高从业人员对规范化栽植、标准化管理、科学化经营的认识。技术培训是实现精细化管理的基础，把技术培训作为落实各项管理措施的首要任务，抓紧抓好。形成积极、主动、具有较强责任意识和发展核桃产业的良

好氛围。

4. 树立"农游合一、销售绿色"的经营理念 增强参与性和知识趣味性以便吸引更多的游客。例如，亲手收获绿色农产品，亲自喂养活泼可爱的小动物，亲自垂钓现做成菜等，挖掘特色，打造精品，增强参与性和知识趣味性，增加农场旅游的吸引力。同时要注重"销售绿色"。

5. 在农场营造生态、文化环境 让顾客参与其中，生态体验和文化体验紧密结合，以满足顾客越来越远离原生态的自然环境而越来越渴望亲近自然的诉求。

6. 搞好配套设施建设，营造良好旅游大环境 从交通入手，提高农庄的通达性，给出周末和节假日到农场的交通线路，并将农场周边的景区及特色农场进行标注介绍，为顾客出游提供方便；从服务条件入手，创建舒适、亲切、自然的服务环境；从整体入手，加强治安和卫生管理，提高从业人员的综合素质，营造山美水美人更美的农场旅游大环境。

二、核桃市场营销策略

市场营销是指企业为满足消费者或用户的需求而提供商品或劳务的整体营销活动。通俗地讲，市场营销就是一个寻找发现需求、创造需求、满足需求并使自身得到最大发展的过程。市场营销总是围绕着消费者的需求这个核心。

市场营销战略是企业市场营销部门根据战略规划，在综合考虑外部市场机会及内部资源状况等因素的基础上，确定目标市场，选择相应的市场营销策略组合，并予以有效实施和控制的过程。

（一）市场营销的基本原则

1. 诚实守信的原则 诚实守信又是基本层的道德要求的最

基础部分，它是企业经商道德的最重要的品德标准，是其他标准的基础。在我国传统经商实践中，它被奉为至上的律条。

2. 义利兼顾的原则 义利兼顾是指企业获利，要同时考虑是否符合消费者的利益，是否符合社会整体和长远的利益。利是目标，义是要遵守达到这一目标的合理规则。二者应该同时加以重视，达到兼顾的目标。义利兼顾的思想是处理好利己和利他的关系的基本原则。

3. 互惠互利原则 互惠互利是进一步针对企业的营销活动的性质，提出的交易中的基本信条。互惠互利原则要求在市场营销行为中，正确地分析、评价自身的利益，评价利益相关者的利益，对自己有利而对利益相关者不利的活动，由于不能得到对方的响应，而无法进行下去。而对他人有利，对自己无利的，又使经济活动成为无源之水，无本之木。

4. 理性和谐的原则 理性和谐的原则是企业道德化活动达到的理想目标模式。在市场营销中，理性就是运用知识手段，科学分析市场环境，准确预测未来市场发展变化状况，不好大喜功，单纯追求市场占有率，而损失利润。

（二）市场营销的战略

1. 创新战略 创新是知识经济时代的灵魂，是企业营销的基本战略。对于核桃产业化经营而言，选择正确的市场营销战略意义重大，这不仅关系到核桃产业化经营能否进一步健康发展，更直接关系到我国核桃产业未来的发展，我们应该从时代责任感的高度来认识其重要性。随着核桃产业化经营的深入推进，客观上迫切要求产业化经营系统全面审视自己的经营思想和营销理念，彻底地从计划经济时代的以生产为中心的农产品营销观念的认知中摆脱出来，全面导入现代市场营销创新，这是核桃产业化经营的客观要求和必然选择。

市场经营观念的创新是营销创新的先导。为了实现诸如利润、销售增长率等目标，经营者必须进行市场调研、产品开发与产品储运、销售等一系列与市场有关的经营活动。在从事这些活动时，应当以什么样的理念为指南，应当如何处理企业、顾客、社会之间的利益关系，就成为任何生产经营者必须首先回答的问题。对于这一问题的回答，就构成一个企业的市场经营观念，也称营销管理观或市场营销观。它是决定企业生产经营活动方向的指南，也是为经营者在组织和谋划企业的市场营销时的指导思想和行为准则，概括了企业的经营态度和思维方式，贯彻于企业市场营销活动的全过程之中。

2. 人才战略　创新是知识经济时代的灵魂和核心。但创新要高素质的人才才能创新。营销者要牢固树立人才本位思想，有人才，才能发财。对于个人来讲，要树立终身学习的观念；对企业来说，要树立全员培训观念。

3. 文化战略　企业文化包括企业经营观念、企业精神、价值观念、行为准则、道德规范、企业形象以及全体员工对企业的责任感、荣誉感等。它不仅是提高企业凝聚力的重要手段，同时，它又以企业精神为核心，把企业成员的思想和行为引导到企业确定的目标上来，使员工自愿并采取合作态度，积极贡献他们的知识和智慧。

4. 形象战略　企业用各种广告宣传和促销手段，来提高企业的声誉，创立名牌产品，使消费者根据企业的"声誉"和"印象"选购产品。

（三）核桃的"三角四边"营销战略

新型核桃经营者重视市场营销之道，必须着重以下几个方面：通过调查研究弄清楚其市场定位；始终围绕"三角四边"制订市场营销战略，而且必须根据形势变化及时动态调整；学会从客户角度考虑问题；遵循农产品营销一般规律；在品牌培育中慎搞多元化，要在品牌维护和张扬其影响力、挖掘其价值张力上下足功夫；注重培养自己的营销人才。

所谓"三角"，一是指目标要清楚，也就是你在跟谁做营销；二是指信息要充分，要多告诉客户能给其带来的价值，而不要把眼光只盯在价格上；三是指工具要选用得当，靠平面媒体、新媒体还是销售人员推广，要斟酌清楚。

"四边"有两个角度，从自身讲包括生产什么产品、在哪里生产、价格怎么定以及促销推广的方式，从客户角度看包括需求满意度、便利性、采购成本以及传播方式。当然，最好的市场营销战略就是从产品到服务都是做到与众不同（即差异化），因为很多时候市场营销战略就是企业战略，关乎未来生存与发展。

（四）核桃市场营销存在的问题

1. 生产规模小　核桃产品大多数是一家一户生产，生产规模小，且进行自产自销或客户上门收购，缺少对市场的调研，不能形成有效的产销衔接。

2. 合作化生产程度低，产品质量参差不齐　由于核桃种苗市场混乱，实生苗繁多，真正的品种苗建园少，核桃产品质量参差不齐。核桃基地过于分散，点多面广，各自为政，难于进行有效的科学管理，缺乏大户经营者。生产管理和经营强度普遍较低，标准化、机械化作业水平不高，专业合作经济组织、行业协会发展相对滞后，社会化专业服务机构发育不完善；缺乏辐射能力强的产地批发市场和营销网络，核桃交易市场较少，主要依赖农产品综合市场。

3. 主要以初级产品为主，深加工产业少　产品结构相对单一，初级产品居多多，精深加工产品少，产品果仁食用为主。目前，我国核桃效益主要还是销售干果为主，部分加工核桃露、核桃粉，核桃油，而且加工企业数量少，规模小，商品化处理能力低；很少加工精品核桃油、核桃蛋白粉等高端产品，核桃深加工量仅占总产量 20％。

（五）核桃市场营销的几点建议

1. 实行品牌化营销策略　品牌是给拥有者带来溢价、产生增值的一种无形的资产，而名牌农产品则意味着可观的市场占有率，较高的知名度和良好的社会信誉，极好的产品品质和企业形象，更重要的是能带来可观的经济效益和无形价值。品牌化营销策略要求核桃本身具有较高的品质，如较高的营养价值、可靠的卫生安全性等。

2. 扩大营销渠道　核桃产品是否能及时销售出去，在相当程度上取决于营销渠道是否畅通。营销渠道的畅通和高效可以有效保证其供求关系的基本平衡。现代化的核桃生产，必须配套现代化的营销手段，积极发展冷链运输、连锁经营、农超对接、网络营销等。

3. 加工化和优质化的营销策略　农产品通过加工增值。加工化营销策略延伸了产业链条，尽可能的增加了产品附加值，提高农业综合效益，推动农业产业化健康快速发展。当前核桃市场较为混乱，加速淘汰滞销的产品，以质取胜，以优发财。同时依靠农业新技术、新工艺、新机械，实行农产品的规模化、集约化经营，努力降低单位农产品的生产成本，追求最佳经济效益。

4. 绿色营销策略　绿色营销是引导并满足消费者的有利于环境保护及身心健康的消费需求，它追求经济效益、社会效益和环境效益的统一。因此，绿色营销作为实现农业可持续发展的有效途径，无疑成为现代企业，尤其是核桃绿色食品生产企业市场开拓的必然选择。

主要参考文献

曹颜清, 2014. 我国核桃产业发展现状分析. 山西果树 (5): 46-49.

房加帅, 2016. 美国家庭农场经营管理模式的经验研究. 世界农业 (1): 46-50.

高英, 董宁光, 张志宏, 等, 2010. 早实核桃雌花芽分化外部形态与内部结构关系的研究. 林业科学研究 (2): 241-245.

侯宇, 惠军涛, 张培利, 等, 2011. 核桃黑斑病的发生特点与防治方法. 农技服务 (1): 40.

黄有文, 史妮妮, 2012. 核桃小吉丁虫的生物学特性及其防治. 农技服务 (4): 424.

冷志明, 2004. 我国农产品营销渠道的现状及其发展趋势. 生产力研究 (1): 70-71.

鲁定伟, 于德强, 李自兴, 等, 2016. 核桃新品种'昌宁细香核桃'的选育. 中国果树 (6): 81-83.

庞永华, 张艳红, 2011. 核桃主要病虫害防治技术. 农技服务 (9): 1318.

裴东, 鲁新政, 2011. 中国核桃种质资源. 北京: 中国林业出版社.

商靖, 王刚, 努热曼·克比尔, 等, 2010. 核桃基腐病发病环境调查及防治试验初报. 新疆农业大学学报 (4): 329-334.

宋金东, 王渭农, 张宏建, 等, 2010. 核桃举肢蛾药剂防治关键时期及综合测报技术. 北方园艺 (16): 161-162.

王贵芳, 相昆, 徐颖, 等, 2017. 核桃硬枝生根无性繁殖技术研究. 安徽农业科学 (27): 52-54.

王海平, 2011. 核桃树栽植及幼园管理技术. 西北园艺 (4): 15-16.

王玉兰，唐丽，岳朝阳，等，2011. 核桃树冻害发生原因及冻害预防对策．北方园艺（5）：75-76.

吴玉洲，范国锋，郭燕超，等，2011. 核桃育苗及栽培技术．中国园艺文摘（10）：162-163.

郗荣庭，张毅萍，1996. 中国果树志：核桃卷．北京：中国林业出版社．

郗荣庭，张毅萍，1994. 中国核桃．北京：中国林业出版社．

杨国，高传光，等，2016. 农产品市场营销策略．北京：中国农业科学技术出版社．

张美勇，徐颖，相昆，等，2016. 北方早实核桃品种育苗技术．落叶果树（5）：48-50.

张美勇，徐颖，相昆，等，2015. 山东省核桃产业发展的问题与对策．落叶果树（5）：1-3.

张天勇，2012. 核桃腐烂病发生规律及防治技术．陕西林业科技（3）：78-79.

张志华，王红霞，赵书岗，2009. 核桃安全优质高效生产配套技术．北京：中国农业出版社．

图书在版编目（CIP）数据

核桃园生产与经营致富一本通／张美勇主编．—北京：中国农业出版社，2018.1

（现代果园生产与经营丛书）

ISBN 978-7-109-23601-1

Ⅰ.①核… Ⅱ.①张… Ⅲ.①核桃—果树园艺 ②核桃—果园管理 Ⅳ.①S664.1

中国版本图书馆 CIP 数据核字（2017）第 292603 号

中国农业出版社出版

（北京市朝阳区麦子店街 18 号楼）

（邮政编码 100125）

责任编辑 黄宇 张利 李蕊

北京中兴印刷有限公司印刷 新华书店北京发行所发行

2018 年 1 月第 1 版 2018 年 1 月北京第 1 次印刷

开本：850mm×1168mm 1/32 印张：7.625 插页：2

字数：190 千字

定价：26.00 元

（凡本版图书出现印刷、装订错误，请向出版社发行部调换）

坚 果

结果树

结果状

岱 丰

结果状

坚 果

岱 辉

雌 花

结果状

坚 果

岱 香

坚果

結果状

鲁　光

坚果

結果状

結果树

鲁果2号

坚果

結果状

鲁果3号

坚果

结果状

结果树

鲁果5号

坚果

果实

结果状

鲁果7号

坚果

结果状

鲁果9号

坚果

结果状

鲁果11号

坚果

结果状

丰　辉

坚果

结果状

树　体

鲁核1号